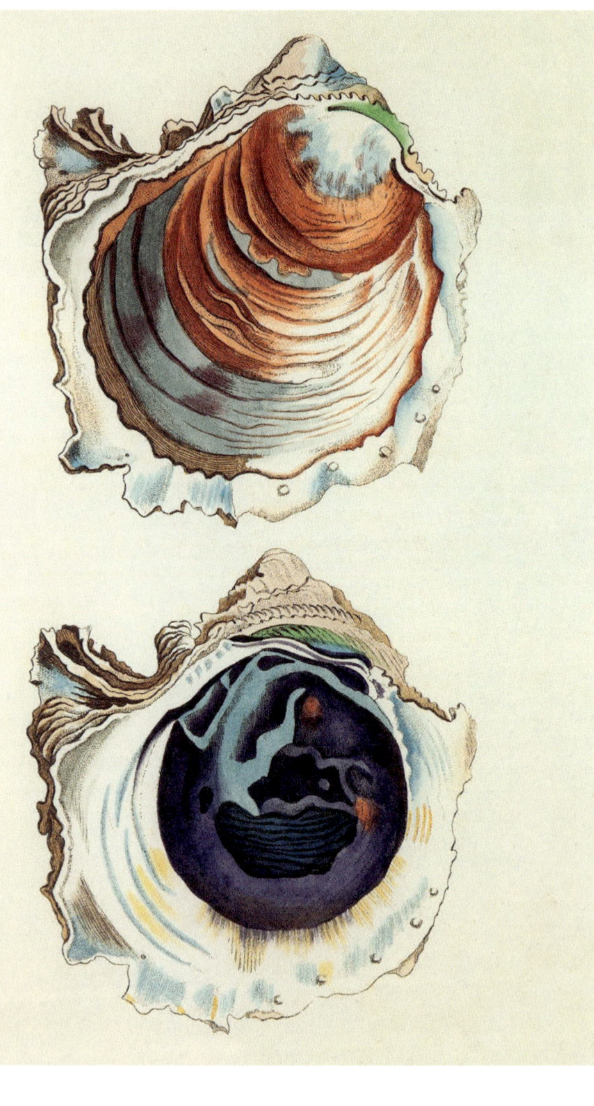

Austern

Ein Portrait
von
Andreas Ammer

NATURKUNDEN

NATURKUNDEN № 84

herausgegeben von Judith Schalansky
bei Matthes & Seitz Berlin

Inhalt

Die Mollusken des Philosophen

Und viel Inwendiges am Menschen ist der Auster gleich,
nämlich ekel und schlüpfrig und schwer erfaßlich

FRIEDRICH NIETZSCHE, Also sprach Zarathustra

Es gibt ein Bild von Édouard Manet, das heißt *Der Philosoph*. Ein Bettler ist darauf dargestellt, der uns traurig ansieht, als wäre er gerade im Begriff gewesen, uns etwas zu sagen, was er nun doch lieber verschweigt. Er ahnt, dass wir ihm seine Weisheiten wegen seines schäbigen Äußeren wohl nicht geglaubt hätten. Um seine graubraunen Lumpen hat er ein meerblaues Tuch geschlungen. Eine Straßenszene, vielleicht. Wir können nur mutmaßen. Es gibt auf dem Bild keinen Hintergrund und keine Kulisse, keine Welt. So lenkt nichts von dem einzigen Requisit ab, das uns das Bild zur Deutung anbietet: Rechts unten am Bildrand, zu Füßen des Philosophen, liegt – wie ein Erlöser auf einem kleinen Haufen Stroh gebettet – ein Halbdutzend Austern. Ihre Schalen in der Farbe der Lumpen des Mannes. Die Mehrzahl der sprichwörtlich stummen Schalentiere ist noch verschlossen. Eine ist jedoch geöffnet und leuchtet so hell, dass ihr Fleisch das ganze düstere Bild überstrahlt. Auch die Auster – wen mag es verwundern – schweigt.

Man kann das Bild mit dem Sinnspruch »Harte Schale, weicher Kern« deuten, es also als Ermahnung interpretieren, nicht vom abweisenden, ärmlichen, unscheinbaren Äußeren eines

Eine zufällige Begegnung zweier Lebensformen, von denen nur eine überleben wird: Édouard Manet, Der Philosoph (Bettler mit Austern), *um 1865.*

Wesens auf den Inhalt zu schließen, der umso kostbarer sein kann. Allerdings war Mitte des 19. Jahrhunderts, als der Maler Édouard Manet sein Bild des Austern-Philosophen malte, die Auster kein Anzeichen von Luxus und Dekadenz, sondern ein eher billiges, auf der Straße angebotenes Massennahrungsmittel, das der Mensch in seiner Gier schon so gut wie aufgegessen, also ausgerottet hatte. Man kann den Titel des Gemäldes, der *Der Philosoph (Bettler mit Austern)* lautet, aber auch so verstehen, dass man – wie Hamlet mit dem Schädel – einiges an Wahrheit über das Wesen der Welt und des Menschen aus der Anschauung einer geöffneten Auster gewinnen könnte.

Erst ließ ich ein Dutzend Austern kommen.

WALTER BENJAMIN, Denkbilder

Das Vorhaben, ein ›Portrait‹ der Austern zu schreiben, ist mit einem Problem von quasi quantenmechanischer Dimension verknüpft. Denn es ist so gut wie unmöglich, eine lebende, unversehrte Auster jenseits ihrer Schale oder in ihrem ursprünglichen Lebensraum zu beobachten. Für gewöhnlich beginnt die erste Begegnung zwischen Tier und Mensch in einem Fischladen. Auf jeder Holzkiste steht gemäß deutschem Gesetz auf einem Packzettel: »Enthält Weichtiere – Diese Schalentiere müssen zum Zeitpunkt des Verkaufs lebend sein.« Drinnen leben stumm, unbeweglich und durch eine unermesslich harte Schale verborgen ein Dutzend lebendiger Tiere vor sich hin, bis zum Verzehr mit einiger Gewalt ihre Schale gesprengt wird, um ein weiches, nun schutzloses Lebewesen regungslos zu entbergen. Niemand, der je eine Auster aß, hat diesen heiligen Moment ohne eine gewisse Ehrfurcht erlebt.

Vor mir ein Teller mit Eis, darauf ein Dutzend geöffnete Tiere. Auch nach dem Öffnen gilt: Die Auster sollte tunlichst noch leben. Jetzt ist sie ein todgeweihtes Wesen, dessen starker Muskel gekappt wurde. Zum Beweis zuckt das Tier vor mir zusammen, wenn ich es berühre oder mit einem Tropfen Zitrone beträufle. Zu mehr Lebensäußerungen ist die Kreatur nicht fähig. Es dürfte sich bei dieser einzigen Regung, die sich an dem Wesen wahrnehmen lässt, nicht um eine freundliche Begrüßung handeln.

Ich liebe Austern: Sie mühevoll zu öffnen, das kühle glibberige Innere zu schlürfen, es kurz im Mund zu halten, bevor ich ein paar Mal kaue, um schließlich den einzigartigen, klaren Geschmack des Meeres, dem nichts auf der Welt gleicht, zu schmecken. Der Genuss vergeht immer zu schnell.

Eine Auster ist eine poetische und zugleich existenzialistische Speise. Der Verzehr einer Auster ist eine Begegnung zweier Lebewesen, auch wenn sie – in Ermangelung derselben bei der Auster – nicht ›auf Augenhöhe‹ stattfindet. Die obere, ›rechte‹ genannte Hälfte der Austernschale kann nur mit brutalen Werkzeugen, mit einem Messer, einer ausgefeilten Technik und nicht ohne eine gewisse Kraftanstrengung von der unteren getrennt werden. Unter Anwendung von Hebelgesetzen werden die beiden Hälften der Schale an einer Stelle, die nur kundige Menschen kennen, auseinandergestemmt. Mit einem Messer wird der Muskel, mit dem das kleine Wesen sich mit aller Kraft dagegen wehrt, einfach durchgeschnitten. Ohne Werkzeug und das Wissen unserer Gattung wären wir ratlos vor der Aufgabe, dieses Tier zu knacken. Haben wir es geschafft, sind wir einen Moment lang ganz Kreatur: Kein Ei, kein blutiges Steak, kein

Salat bringt uns so unmittelbar zurück zum Gesetz der archaischen Natur, das besagt, dass der Mensch auch ein Raubtier ist, Fangzähne hat und sein Beutetier – zur Not mit einem Messer bewehrt – zum Verzehr töten muss.

Die Wunde, die man mit dem Messer in die Muschel reißt, ist in der Regel alles, was an Kochkunst nötig ist. Eine Auster zuzubereiten heißt – von aufwendigen Maßnahmen der Haute Cuisine abgesehen – eigentlich bloß: sie zu öffnen. Man isst sie so, wie sie gelebt hat und es in diesem Moment auch noch tut. Um den sensorischen Nachhall im Mund zu vollenden, empfehlen sich gekühlte Getränke. Ich nehme einen Schluck.

Die zweite Auster liegt glänzend und feucht in meiner Hand. ›Decippe est morire‹ heißt es im Fall der Auster: Gesehen werden und sterben. Nur in ihrem letzten Moment bietet sich die Auster mir nicht als Hülle oder Verpackung, sondern als ein Lebewesen dar. Nackt, starr und stumm liegt sie da. Spürt sie Angst in diesem Moment, oder ist es für sie ein Moment der Erkenntnis, eine Epiphanie, mir, einem anderen, höheren Wesen zu begegnen? Es ist für eine Auster das erste Mal, dass sie sich ungeschützt und ohne ihre Schale in der Welt wiederfindet. – Ein kurzer Moment, ich schlucke sie hinunter.

Ich nehme die nächste: Wenn die Lebewesen Mensch und Auster sich begegnen, ist Letztere unfähig, sich zu bewegen. Sie kann nicht weglaufen. Sie ist eine blinde und vermeintlich auch blöde Muschel, eines der niedersten Tiere in der Ordnung der Lebewesen. Ihr gegenüber sitzt jemand, der es gewohnt ist, sich selbst als ein Lebewesen höherer Art zu definieren. Einer meiner Artgenossen, ein Fachmann, ein Austernzüchter, hat einige Jahre lang alles getan, dass es dieser Muschel gut geht, dass sie gedeihen und reifen kann. Er hat lange für diesen Moment gearbeitet, in dem ich jetzt gleich ein paar Sekunden Genuss empfinden werde. Sein oder Nichtsein? Genuss oder Reue? Schlucken oder Kauen? Obwohl die Auster stumm bleibt, denkt der Mensch, wenn er anfängt über das niedere Wesen in seiner Hand nachzudenken, vor allem über sich selbst nach. Geschichten von Austern sind Geschichten vom Menschen. Wer eine Auster ansieht, sieht in sich hinein. Bis er die Auster in sich hineinschlürft.

Diese wenigen Sekunden, in denen das Tier unrettbar verloren in unserer Hand zwischen Leben und Tod schwebt, sind ein paradiesischer Moment für uns Menschen: Schon ahnen wir den Geschmack nach Ozean, dem wir alle entstammen und der uns gleich mit wohligem salzigem Urgefühl überkommen wird. Dieser Moment zwischen kreatürlichem Dasein und höchstem Genuss ist ein Moment wahren Menschseins. In ihm sind wir halb Raubtier, halb antiker Gott, auf Nahrung angewiesen, auf Genuss trainiert – und doch des Gedankens, der Einfühlung und des schlechten Gewissens fähig.

Obwohl dieses glibberige Wesen vor uns ein Tier ist, wird man es schwerlich in einem Zoo ausgestellt sehen. Das Leben der Austern, auch wenn sie in unseren Aquakulturen gedeihen, ist dem Menschen so verborgen wie das der Schweine im Mastbetrieb. Doch anders als bei allen anderen Tieren, die wir für uns töten lassen, müssen wir im Fall der Auster die Tötung selbst übernehmen. Niemand nimmt uns den todbringenden Biss ab.

Sechs leere Schalen verspeister Tiere liegen umgekehrt auf dem Eis. Ein halbes Dutzend wartet mit ihren weichen, beige und silbrig schimmernden Körpern noch in ihren Schalen vor mir. Vielleicht stochere ich noch etwas mit einer Gabel in ihren Eingeweiden herum, löse den Körper – wenn das nicht bereits vom berufsmäßigen ›Austernöffner‹ gemacht wurde – von der Schale, träufle etwas Zitrone auf die dunklen, äußeren Extremitäten und freue mich wieder, wenn diese sich zusammenziehen. Dieses Zucken gilt als sicheres Zeichen, dass die Kreatur in unserer Hand noch lebt. Sensible Kreaturen, die ihre Speise lieber von jemand anderem töten lassen, schreckt das ab. Woody Allen hat in seiner Komödie *Don't Drink the Water* behauptet: »I will not eat oysters. I want my food dead – not sick, not wounded – dead.« Woher diese Bevorzugung des toten Tieres bei der Nahrungsaufnahme des Allesfressers Mensch kommt, ist vernünftig betrachtet unklar. Schließlich ist der Mensch ein Alles- und kein Aasfresser!

Sicher ist: Hätte die Auster ein Auge, das uns in diesem Moment anblickt, der Mensch hätte sie nie verzehrt. Ich glaube mich im Moment, da ich den Mund öffne, um die Muschel bei lebendigem Leib zu verschlingen, von dieser unbeobachtet. Ich kann nicht glauben, dass die Auster mich ›erkannt‹ hat. In diesem Moment fühlt der Mensch sich wie ein Gott, zumindest aber wie etwas, das für die Sinne der Auster nicht erfahrbar ist. Dem Tier fehlen, mit den Worten des Austernliebhabers Immanuel Kant gesprochen, die Kategorien, um uns wahrzunehmen. Der Mensch denkt: So wie eine Auster keinen Kant lesen kann, kann sie auch keine Angst haben. Und so verschlinge ich das lebendige Wesen mit einem Biss.

Die Mensch-Auster-Beziehung ist einzigartig, denn die einzige Interaktion mit dem Tier erfolgt im Mund und durch den Geschmackssinn. Fast ist es auch ein erotischer Akt: Der Mensch umspielt eine Auster länger mit der Zunge, als dass er sie anschaut. Die meisten zoologischen oder künstlerischen Betrachtungen einer Auster setzen voraus, dass deren Schließmuskel gewaltsam getrennt und die obere Hälfte der asymmetrischen Schale entfernt wurde. Wir wissen streng genommen nicht, wie eine ungeöffnete Auster aussieht. Besäße die Auster rotes Blut, wäre kein Mensch je auf die Idee gekommen, sie roh zu verzehren. Hat eine Auster überhaupt Blut? Die Zoologen haben zumindest ein kleines Herz entdeckt: Das Herz der Auster, das man manchmal neben dem Muskel schlagen sehen kann, besteht aus einem Vorhof und einer Herzkammer. Es pumpt allerdings nur eine milchige Flüssigkeit mit aus dem Meerwasser absorbiertem Sauerstoff durch den offenen Blutkreislauf des Tieres. Dieser ist ganz von Meerwasser ›erfüllt‹, denn durch die Auster fließt eigentlich das reine Meer. Deshalb bildet sich – wenn man nach dem Öffnen das Wasser, das sich im Inneren der Auster befindet, wegschüttet – sofort ein sogenanntes ›zweites Wasser‹, das als eigentliche Delikatesse, als ›Nektar‹ der Tiere gilt und besonders raffiniert schmeckt. Der Mensch ist nicht nur zum Raubtier, sondern auch zum Blutsauger geschaffen.

Ich nehme noch eine Auster: Es wäre übertrieben zu behaupten, dass eine Auster irgendeine Art von Schönheit besitzt. Im Gegenteil: Wer je eine nicht ›geklärte‹, also eine nicht industriell geputzte, äußerlich wie innerlich gereinigte Auster gesehen hat, wie sie überzogen von faulenden Algen im schlammigen, stinkenden Schlick liegt, der muss viel an Wissen investieren, um so etwas verspeisen zu wollen. Wenig erinnert an diesem unappetitlichen, nach Moder stinkenden, unregelmäßig ge-

Was vom Genuss übrigbleibt: Die harte Schale einer Auster mit ihrem glänzenden Inneren.

formten Klumpen an eine international teuer gehandelte Delikatesse. Die Herkunft der Auster aus dem Dreck der Mündungsgebiete und Meere ist sozusagen deren Schlachthaus: ein tabuisierter, der Erfahrung entzogener Bereich der menschlichen Nahrungsbeschaffung. Der zivilisiert genießende Homo sapiens an seinem mit einem jungfräulichen, weißen Tuch bedeckten Tisch will nichts davon wissen.

Es ist anzunehmen, dass die Auster exakt in dem Moment, in dem ich auf sie beiße – was ja nicht alle Menschen tun, auch wenn es den Genuss intensiviert –, eines plötzlichen Todes stirbt. Es ist ein archaischer Akt im Nobelrestaurant, ein in der westlichen Kultur sonst nicht mehr vorkommendes Ritual, der Moment, auf dem das Leben seit Zehntausenden von Jahren beruht: Der Moment, wenn ein Tier einem anderen in den Nacken beißt, um es zu töten und zu verschlingen. Als Mensch kenne ich diesen Moment nur noch, wenn ich eine Auster esse, mein Biss macht mich zum Löwen, der nach wilder Jagd die Gazelle erlegt. Darauf folgt: die Gewissheit zu leben!

Trotz aller Recherche ist mir nicht bekannt, wann genau der klinische Tod einer Auster eintritt: Wenn ihr mächtiger Schließmuskel von mir zertrennt wird? Vielleicht wenn ich beim Öffnen das neben dem Schließmuskel liegende Herz verletzt hätte. Dann wäre das Tier tot und das letzte Zucken wäre nur eine chemische Reaktion statt eines letzten Lebenszeichens. Es könnte sogar eine postmortale, elektrische Reaktion sein wie bei Fröschen oder Fischen, die nach dem Tod noch zucken. Oder doch ein verzweifeltes Winken? Statt mit dem Messer könnte ich, wie der Steinzeitmensch es tat, mit der Technik des Feuers der Molluske zu Leibe rücken: Wird die Auster erhitzt, ist ihr Todeszeitpunkt exakt zu ermitteln. Mit einem Mal verliert sie alle Kraft. Ihr kräftiger Muskel erschlafft, die Auster öffnet sich mechanisch von selbst.

Wenn ich allerdings die Auster mit einem Messer von der Seite her geöffnet habe, dann dürfte das Tier noch leben. Sie ahnt nichts vom Dunkel meines Mundes, der sie verschlingen wird. Von meiner Zunge, der Speiseröhre, die sie hinunterrutschen wird, und vom Magen, in den sie eventuell in eine Lache aus Champagner hineinplumpst. Lebt sie in mir noch ein wenig weiter, wenn ich sie nicht zerbeiße?

Genussvoll schlürfe ich die letzte Auster aus ihrer Schale. Ich habe keine allzu großen Exemplare gewählt, weil die kleineren oft besser schmecken, den Mund nicht so sehr füllen. Entgegen dem Rat der Genießer zerkaue ich sie diesmal nicht. Ich schlürfe ihr ›zweites Wasser‹, unwillkürlich überfällt mich ein Moment kreatürlicher Erinnerung, in dem ich den Geschmack des salzigen, frischen Meeres wahrnehme, aus dem der Mensch wie alle Lebewesen stammt. In dieser kleinen Menge Wasser hat das Wesen die lange Reise zu mir überlebt. Hat es den Augenblick in meinem Mund genossen, wo es – zum ersten Mal in seinem Leben – von einem anderen Lebewesen berührt, von meiner Zunge sanft und warm wie beim Liebesspiel umschmeichelt wurde? Oder stand das kleine Tier in meinem Mund Todesängste aus? Haben Austern Gefühle, die sie nicht zeigen? Bedeutet jeder Genuss auch Vernichtung? – Oder macht man sich ein paar Gedanken zu viel, wenn man ein Buch über Austern schreibt?

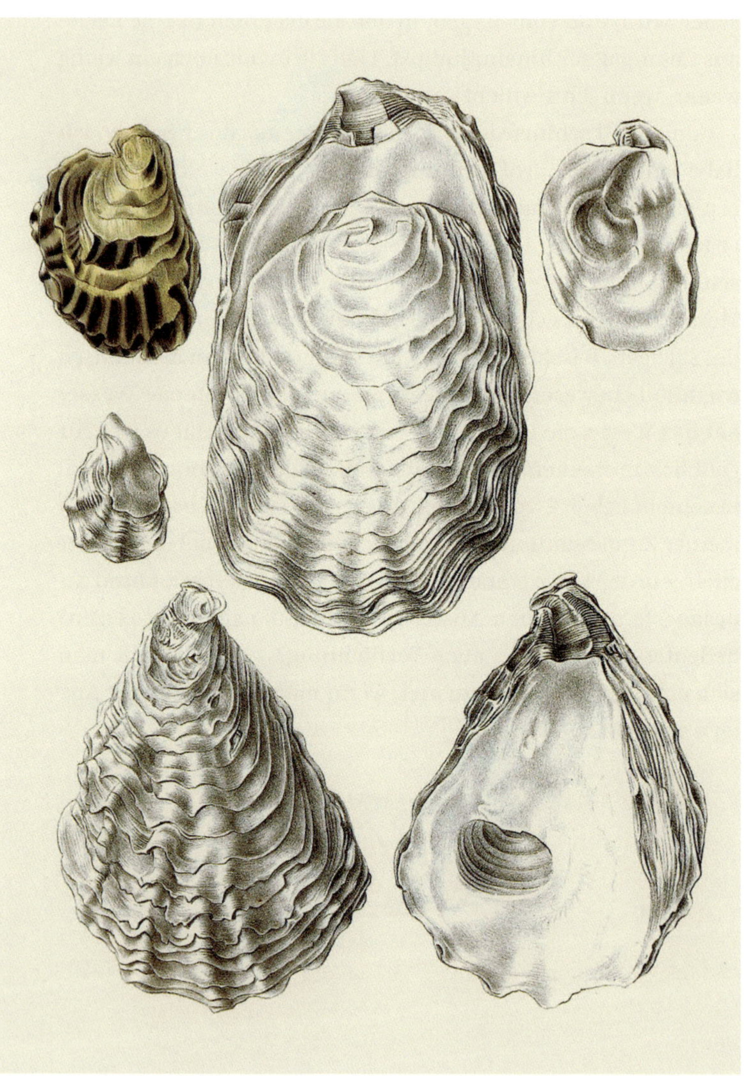

Unregelmäßig geformte Tiere für perfekte Momente.

Der perfekte Moment

He was a bold Man, that first eat an Oyster.

JONATHAN SWIFT, A Complete Collection of Genteel and Ingenious Conversation

Niemand isst Austern, um satt zu werden. Sie befriedigen nur begrenzt kreatürliche Bedürfnisse. Ihr Verzehr ist ein heiliger, des Nutzens enthobener Moment, eher Erlebnis als Sinn und Zweck. Darin ähneln Austern der Kunst mehr als einer Speise. Sie sind das Glück oder ein Vorschein davon. »It's a one-on-one relationship«, eine Eins-zu-eins-Beziehung, behauptet der größte lebende Austerngelehrte, der Amerikaner Rowan Jacobsen, der alle über dreihundert Arten, die es in Amerika gibt, gekostet und beschrieben hat.

Der Austernpapst hat das Verspeisen eines Dutzend Austern als eines der letzten kulturellen Überbleibsel des rituellen Tieropfers bezeichnet, ein bronzezeitlicher Atavismus, der bis heute in den marmornen Altären der ›Austerntempel‹ in New Orleans, an den Küsten Frankreichs oder in heimischen Wohnzimmern praktiziert wird, wo immer eine Auster geöffnet wird:

Der Hohepriester begrüßt Sie; darauf folgt ein rituelles Gespräch. Dann hebt er sein Messer und schneidet die Muskeln von einem Dutzend Austern auf, während Sie seine sauberen, einstudierten Bewegungen mit den Augen verfolgen: ›Hoc est enim Corpus

> *meum, quod pro vobis tradetur.‹* [Dies ist mein Leib, der für euch hingegeben wird.] *Er legt die Opfergabe vor dich hin, du salbst sie, und die Tat ist vollbracht. Wein wird vergossen, eine Kleinigkeit für den Priester, die Götter sind zufrieden, und das Universum ist für einen weiteren Tag erneuert worden.*

Wir kennen zwei Arten sinnlicher Freuden. Die einen sind unmittelbar: Eiscreme, Sex und Drogen. Es gibt andere, die zur Entfaltung etwas Zeit oder Kraft benötigen, dazu gehören Poesie, Kochen oder körperliche Ertüchtigung. Erst wenn die Anstrengung vorbei ist, fühlt man sich lebendig und zufrieden. Das Essen einer Auster gehört zur zweiten Kategorie. Es schärft die Sinne und wird erst im Nachhinein zu einem Erlebnis, das oft sogar das Leben ändert. Fast jeder Mensch erinnert sich an die erste Auster wie an den ersten Kuss, nicht aber an seine erste Karotte.

Er kommt plötzlich und unerwartet wie ein Blitz der Erkenntnis. Ein kleiner, feiner Moment, der jeden treffen kann: Der Moment, in dem sich alles ändert, in dem sich unverhofft und plötzlich ein Leben entscheidet. Der Moment, ab dem gilt: »Everything was different now.« Mit diesen vier Worten fasst einer der berühmtesten Esser des Planeten sein erstes kulinarisches Aufeinandertreffen mit einer rohen Auster zusammen. Der Amerikaner Anthony Bourdain war erst ein berühmter Koch und später ein noch viel berühmterer Fernsehstar. Er hat als großer Genießer den ganzen Erdball bereist und dem Rest der Menschheit im Fernsehen davon berichtet, was er unterwegs zu essen bekam und wie schön die Welt sei. Mit seiner Sendung *No Reservations* hat Bourdain das erfolgreiche Genre der Koch-Reise-Shows erfunden. In seiner Autobiografie berichtet er, wie er als Kind mit den Eltern die Sommerferien in Frankreich verbrachte, wo in den Jukeboxen *A Whiter Shade of Pale* lief und er vom Nachbarn seiner Tante, bei der er mit seiner Familie den Sommer verbrachte, zu einem Ausflug auf einem Austernkahn eingeladen wurde. Nachdem Käse und Baguette verspeist waren, hatte der kleine Anthony noch etwas Hunger, worauf ihm der Austernfischer Monsieur Saint-Jour eine Auster anbietet. Anthonys Eltern zögern, sein Bruder lehnt dankend ab: »Und ich im stolzesten Moment meines jungen Lebens erhob mich tapfer, grinste trotzig und meldete mich, als Erster zu probieren.« Und dann geschieht es:

> *In diesem unvergesslich zarten Moment, einem Moment, der für mich noch viel lebendiger ist als all die anderen »Ersten Male«, die da noch folgen sollten – der erste Sex, der erste Joint, der erste Tag in der Highschool, das erste veröffentlichte Buch –, erreichte ich allen Ruhm der Welt.*

Der Austernfischer öffnet eine »riesige, unregelmäßig geformte« Auster. Den älteren Bruder schaudert es vor dem glitschigen, irgendwie sexuell aufgeladenen Objekt, das noch tropft und lebt. Der kleine Anthony aber »nahm sie in den Mund, wie es der inzwischen strahlende Monsieur Saint-Jour gesagt hatte, und schlürfte sie mit einem Bissen und in einem Schluck. Es schmeckte nach Meerwasser ... nach Salzlake und Fleisch ... und irgendwie ... nach Zukunft.« Und dann ist es so weit. Der spätere Weltstar Bourdain wusste sofort, das sich sein Leben gerade gewendet hatte: »Everything was different now. Everything.« Und als er dann seine Memoiren schreibt, gesteht er:

> *Ich war irgendwie zum Mann geworden. Ich hatte ein Abenteuer bestanden, die verbotene Frucht probiert, und alles, was in meinem Leben dann noch folgte – all das Essen, die lange und oft selbstzerstörerische Jagd nach dem nächsten Ding, egal ob es Drogen oder Sex oder irgendeine andere Sensation war –, es würde alles nur von diesem einen Moment abstammen.*

Bourdain ist mit diesem Erlebnis beileibe nicht allein. Ich erinnere mich an meinen Vater, der mir am Meeresufer vormachte, wie man ein rohes Meerestier vom Stand des Fischers nimmt, der es sogleich mit einem wissenden Lächeln geöffnet hat. Daraufhin werden beide auf meinem Gesicht das bekannte Schauspiel des Zögerns zwischen Angst und Lebensmut, zwischen Überwindung und Überleben genau beobachtet haben. Ich glaube mich zu erinnern, dass der hölzerne Wagen des Fischers blau war.

Die zweite ›erste Auster‹ aß ich dann am Beginn des Erwachsenenalters mit der Liebe meines Lebens auf der ersten gemeinsamen Reise, am Ufer des Ärmelkanales in Cancale. Ich hatte uns unter ihrem vergeblichen Protest ein Dutzend Austern gekauft und diese in unser kleines Hotelzimmer mitgenommen. Die Zimmerwirtin hatte uns jungem, unverheiratetem Paar, dem man in Brüssel noch ein gemeinsames Hotelzimmer versagt hatte, ein Messer geborgt. Die Liebe meines Lebens hatte noch nie eine Auster gegessen: ›Nur eine zusammen mit meiner Mutter‹, hatte sie behauptet, unwissend, dass so etwas nicht möglich ist. Und ich schwöre: In einer dieser zwölf ersten, gemeinsam verzehrten Austern lag etwas Flaches, Schimmerndes, das wir beschlossen, als eine Perle zu bezeichnen, wohl

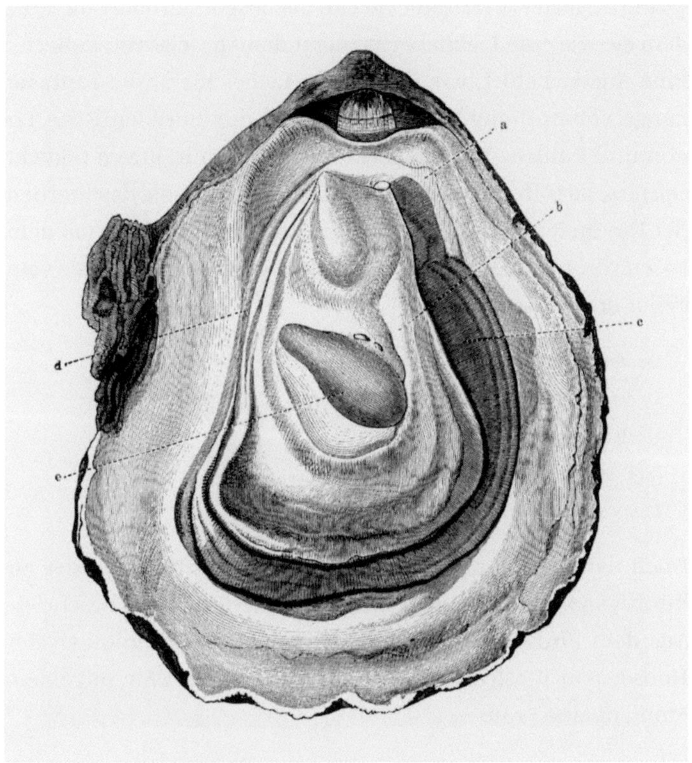

Eine erotische Abbildung aus Brehms Tierleben*? Der weiche Körper der Auster in der geöffneten harten Schale ist der Tier gewordene »Tod der Kindheit«.*

wissend, dass essbare Austern keine Perlen produzieren. Trotzdem: Wir beide haben sie gesehen. Bloß beweisen können wir es nicht mehr. Denn die Perle ist lange verloren. Die Erinnerung an den Abend nicht.

»Eine Auster«, schreibt Rowan Jacobsen, »erobert dich, indem sie wie eine Liebhaberin zuerst deinen Geist verzaubert.« Eine Auster betört, wie jede wahre Liebe, zuerst die Fantasie. Lange vor Anthony Bourdain gestand die amerikanische Poetin und Pulitzer-Preisträgerin Anne Sexton in ihrem Gedicht *Oysters*, dass ihr Moment des Erwachsenwerdens, das Sterben der Kindheit und das gleichzeitige Erwachen der Frau, mit dem Essen von zwölf lebenden Meerestieren einherging, die sie vom Teller aus anstarrten:

Oysters we ate,
sweet blue babies,
twelve eyes looked up at me
(...)
I was afraid to eat this father-food.

Doch dann geschieht mit dem ängstlichen Mädchen, der zukünftigen Dichterin genau das, was später Bourdain beschrieb: Aus dem fünfzehnjährigen Mädchen wurde im Union Oyster House, dem ältesten erhaltenen Restaurant der USA, mit einem Moment eine Frau:

there was a death,
the death of childhood
there at the Union Oyster House
for I was fifteen
and eating oysters
and the child was defeated.
The woman won.

In der Fachliteratur, bei Jacobsen, hat diese verbreitete Erfahrung des Erwachsenwerdens beim Muschelessen eine eigene Bezeichnung gefunden: Sie heißt »Oyster Conversion Experience«, kurz: OCE.

> *Die Oyster Conversion Experience ist ein Individuen, Geschlechter und Generationen übergreifendes Erlebnis. Du bist ein Jugendlicher. Du befindest dich in der Gegenwart von Erwachsenen, von denen du nur allzu gern akzeptiert werden würdest. Man gibt dir eine Auster, du überwindest deine ursprüngliche Angst oder Abscheu, nimmst sie in den Mund und fühlst dich danach mutig, stolz und erleichtert. Du willst das Erlebnis sofort wiederholen.*

Zugegeben: Es gibt Menschen, denen beim ersten Verzehr einer Auster nicht die Zukunft, das Leben, die Liebe ihres Lebens oder das Erwachsensein vor dem inneren Auge erschienen ist. Die Auster als Nahrungsmittel spaltet die Menschheit. Zwischen Austernhassern und Austernliebhabern gibt es keine Grauzone. Entweder man genießt die Muscheln bei jeder erdenklichen Gelegenheit oder man ekelt sich vor ihnen. Austernhasser behaupten oft, Austern würden nach nichts oder glitschig schmecken. Letzteres mag sein, trifft aber so auch auf Avocados oder Eigelb zu. Das Schleimige, die Überwindung, ist ganz klar Teil des Genusses. Und natürlich hat dieser Genuss etwas Erotisches an sich. Nicht umsonst spielen die Szenen von Anthony Bourdain und Anne Sexton jeweils am Rande der Adoleszenz. Austern sind etwas für Erwachsene.

Ihre schleimige Konsistenz erinnert an Sexualorgane oder an das – nicht immer als Vergnügen empfundene – Eindringen in fremde Körper. Die Schleimforscherin Susanne Wedlich erzählt in ihrem *Buch vom Schleim* die Geschichte der 16-jährigen Patricia Highsmith, die vom Abschiedskuss ihrer männlichen Abendbegleitung reichlich abgestoßen wurde. Der späteren Autorin von Geschichten mit fleischfressenden Schnecken sei dieser erste Kuss, die intime Berührung des anderen Geschlechtes, zu dem sich die Krimiautorin nicht unbedingt hingezogen fühlte, vorgekommen, »als ob man in einen Eimer mit Austern falle«.

Kein anderes Lebensmittel ist derart kulturell erotisiert wie die Auster: »Think of oyster, think of sex«, heißt es apodiktisch bei Rebecca Stout in einem der kundigsten Bücher über die Austern. Das liegt nicht nur an der oft behaupteten Ähnlichkeit des feuchten Tieres mit einer Vulva. Alles an der Auster kann erotisch sein, oder wie es die Stilikone Grace Jones einmal in einem Dokumentarfilm über sie formuliert hat: »Ich wünschte, meine Pussy wäre so fest wie die Muskeln dieser Auster.«

Es ist dabei fast egal, ob Austern nur psychisch oder auch chemisch den Sexualtrieb befeuern. Ihre geistige Verbindung mit Kraft, Potenz und Kostbarkeit hat die seltsamsten Blüten getrieben. Selbst das Wort ›Aphrodisiakum‹ hängt mit dem Tier zusammen, da die Liebesgöttin Aphrodite bekanntermaßen einer Auster entstieg. Und diese Erzählungen sind durchaus nicht auf Europa beschränkt. Der neolithische Mann mochte es, wenn seine Lebenspartnerin verheißungsvoll Austern als Schmuck trug. Schöner Schmuck, fragwürdige Fantasien oder nette Mythen machen wissenschaftliche Evidenz allerdings nicht wahrscheinlicher.

Oft und stets etwas hilflos wird in populären Druckerzeugnissen der enorme Zinkgehalt der Auster für ihren stimulieren-

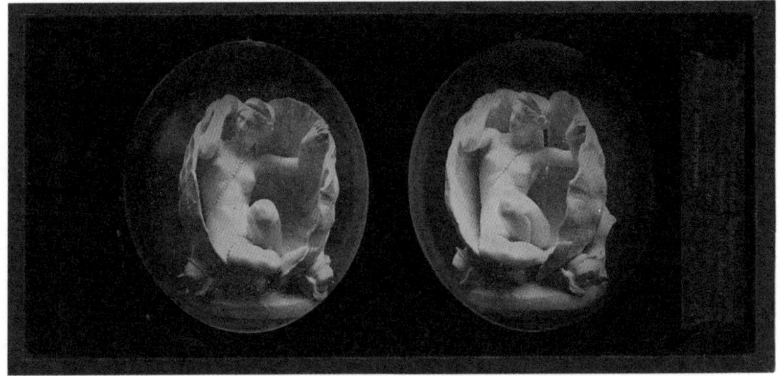

Eine immersive Skulptur: Daguerrotypie der Skulptur Geburt der Aphrodite *(aus einer Auster) von Jean-Jacques Pradier.*

den Effekt verantwortlich gemacht. Tatsächlich ist Zink bei der Produktion des Sexualhormons Testosteron beteiligt, doch jede Ejakulation verbraucht nur ein paar Milligramm des Edelmetalls. Schon eine einzige Auster hingegen enthält ein Vielfaches der dazu nötigen Menge. So hat die Welt Jahrtausende auf einen wissenschaftlich tragfähigen Nachweis des Mythos gewartet. Erst im Jahr 2005 erschien dann endlich ein Vortrag, den italienische und amerikanische Wissenschaftler beim American Chemical Society Meeting in Sydney gehalten haben. Dort berichteten George Fisher, Raul Mirza und Antimo d'Aniello darüber, dass die in Austern, aber auch in Mies- und Venusmuscheln enthaltene Aminosäure DAA, auch Asparaginsäure genannt, sowohl die Produktion des Sexualhormons Testosteron als auch des weiblichen Progesterons anregen würde. Das Urteil der Wissenschaftler war eindeutig: »Yes, I do think these molluscs are aphrodisiacs.« Die Schlagzeilen waren ihnen sicher, der Applaus der Fachwelt nicht unbedingt. Bewiesen ist bis heute … nichts.

Bleibt der erregende Genuss: Man isst die Meerestiere, wenn man sich nicht vor ihnen ekelt wie vor einem fremden Geschlecht, anders als Chips oder Erdnüsse, stets vorsichtig, beinahe zärtlich. Obwohl die Auster nicht aus der Schale springen kann, nähert man sich ihr doch wie ein Jäger oder Liebhaber, vorsichtig, beobachtend, jedes Zeichen, jedes Zucken beachtend: Wir salben sie mit einem Spritzer Zitrone. Wir schlürfen direkt aus der Schale … dann das leichte Kauen des kalten Körpers, bevor man die Überreste des Mahles, vielleicht noch mit einem letzten Blick auf das Perlmutt – zurück auf den Teller legt. Man tut das mit der Schale nach oben … so wie man einem Toten die Augen schließt.

Die Lehre aus dem Moment: Lebe den Augenblick … und möge er so schnell vergehen wie der Biss in eine Auster, die zeit ihres Lebens wenig anderes getan hat, als ein Leben voller Sex und Völlerei zu genießen.

Beiderlei Geschlecht

Die Auster hat alles: sie ist ruhig, sie ist still, sie sitzt fest auf ihrem Grund und Boden. Sie schließt sich ab gegen die Außenwelt, wie kein anderes Geschöpf. Wenn sie ihre Schalen zuklappt, so deutet sie auf das Entschiedenste an: Ich bin für niemand zu Hause.

GUSTAV FREYTAG, Soll und Haben

Können Austern glücklich sein? Träumen sie vom Schaukeln in sanften Ozeanwellen? Zumindest sind sie genügsam. Es zieht sie nicht an ferne Gestade, stattdessen leben sie bescheiden an dem Ort, den sie sich in frühester Jugend als Lebensmittelpunkt ausgesucht haben. Ihr Lebensinhalt ist trotzdem recht zügellos, er besteht aus wenig mehr als Fressen und Sex. Beides, auch der Sex, ist für die Auster eine einsame Verrichtung: Eine Auster verliebt sich nicht. Ihre Vermehrung trägt Züge der euphorischen Verschwendung, des orientierungslosen Verströmens im feuchten All des Urozeans. Insofern lässt sich die Auster als ein Wesen denken, das sich damit zufriedengibt, für die Zeit eines Lebens allein zu sein. Es gibt für sie keine Existenz jenseits ihrer harten Schale.

Tatsächlich ist die Befruchtung eines Austerneies in den unendlichen ozeanischen Weiten, sein unerwartetes Zusammentreffen mit einem zufällig vorbeifließenden männlichen Sperma etwas extrem Unwahrscheinliches. So verdankt sich jede Zeugung einer neuen Auster in freier Natur ihrem »fraglos potenten« Vater, so die Austernbiografin Mary Frances Kennedy Fisher in ihrem epochalen Buch *Austern zum Beispiel*, und einer geduldigen Mutter. Ein Austernmännchen produziert Sperma in unfassbaren Mengen. Ihren väterlichen Erzeuger kennt eine junge Auster jedoch nie, ihre Mutter selten. Die Eltern haben keinerlei Interesse an ihren Nachkommen. Einsam hat Vater Auster in einem Junggesellenmaschinenakt sein Sperma in das ihn umgebende Meer hinausgespuckt. Mit etwas Glück haben einige dieser Spermien den Weg zu einer weiblichen Auster beziehungsweise zu einem ihrer Eier gefunden – angeblich sind es pro weiblichem Laichvorgang rund hundert Millionen Eier, wer hat sie gezählet? –, die kurz nach der Befruchtung von der Mutter abgestoßen werden. Der riesige Ozean ist die Bettstatt der Mollusken.

Es besteht bei diesem fast interesselosen Zeugungsakt eine gewisse Wahrscheinlichkeit, dass der Vater einer Auster jünger und unerfahrener ist als die Mutter. Der Grund: Austern wechseln im Laufe des Lebens öfters ihr Geschlecht. Bei der weltweit am meisten gezüchteten Pazifischen Felsenauster nehmen Jungtiere zuerst das männliche Geschlecht an. Erst im Jahr darauf verwandeln sich die Tiere in Weibchen. Und dann auch wieder zurück. Je nach Lust und Laune, ist man als Mensch versucht zu sagen. ›Konsekutiv rhythmischer Hermaphrodismus‹ heißt dieser auf dem höchsten Stand von LGBTQI-Diskussionen sich befindende Lebenswandel. Der Fachbegriff dazu: Die Auster ist ein ›protandrischer Zwitter‹. Die Geschlechtsumwandlung selbst dauert ungefähr zwei Wochen. Das neben dem Herzen liegende Geschlechtsteil, die Gonaden, können auf irgendeine uns Menschen schwer nachvollziehbare Art nachei-

Nachdenken in der Muschel: S.T.A.I., La Perle, *anonyme Postkarte um 1930.*

nander wechselweise sowohl Sperma als auch Eier produzieren. Der Wechsel vom Weibchen zum Männchen geschieht schneller und ist unkomplizierter als die Frauwerdung der Auster. Wieso und wann das passiert, ist nicht ganz klar. In kälteren Gefilden und Wassern wie vor Großbritannien vollzieht sich der Geschlechtswechsel nur einmal im Jahr. Im Mittelmeer oder der Biskaya häufiger. Manche Forscher vermuten, dass die Weibchen von ihrer hundertmillionenfachen Eierproduktion irgendwann so erschöpft sind, dass sie sich daraufhin als Männchen etwas ausruhen. Je günstiger wiederum die Nahrungssituation, je größer der ›Wohlstand‹, desto größer ist die Chance, dass sich in einer Population mehr Weibchen herausbilden. Verschlechtern sich die Bedingungen, müssen offenbar die genügsameren Männchen das Überleben garantieren. Überhaupt scheint das Leben als weibliche Auster erstrebenswerter zu sein: Je älter Austern werden, desto mehr tendieren sie dazu, wieder das weibliche Geschlecht anzunehmen.

Wie genau Austern Sex haben, wie ihr Liebeswerben funktioniert und wie der sexuelle Prozess zwischen den weit voneinander entfernt in ihren Schalen allein lebenden Mollusken gesteuert wird, wie sich die Tiere also verständigen, zur gleichen Zeit im gleichen Meer Eier auszustoßen und zu ejakulieren, ist bis heute nicht ausreichend geklärt. Es scheint aber, als ob die Artgenossen, obwohl sie weit voneinander entfernt auf Felsen und Steinen oder anderen Muscheln festgewachsen sind, durchaus in der Lage sind, sich über die Distanz gegenseitig sexuell zu erregen: Denn sobald die Wassertemperaturen stabil achtzehn Grad übersteigen, beginnen die Muscheln, sich wohlzufühlen. Bald fangen die ersten männlichen Austern mit dem Spermaausstoß an, der zunächst durchaus homoerotische Züge hat: Es heißt, dass Austernmänner, die das Sperma von Geschlechtsgenossen aufgenommen haben, selbst vermehrt zu sexueller Aktivität neigen. Das Wasser von Austernlaichgebieten kann sich an solchen Tagen von Austernsperma regelrecht milchig färben. Die frei im Meer flottierenden Spermien gelangen dann in statistisch unwahrscheinlichen, aber ausreichend glücklichen Fällen in die Mantelhöhle der Weibchen und befruchten dort die Millionen bereitgehaltener Eier.

In den Meeren der Gegenwart kommt diese eigensinnige Vermehrung jedoch kaum noch vor. Wilde Austern sind heute oftmals ein ökologischer Unfall. Fast nur im warmen Becken von Arcachon, westlich von Bordeaux, vermehren sich Austern – sorgfältig von Züchtern dabei angeleitet – noch außerhalb riesiger Glastanks. Stattdessen werden Austern heute fast ausschließlich in wandhohen Reagenzgläsern gezüchtet. Dort lauern die Biologen darauf, dass die männlichen Austern ejakulieren. Ihr Wasser wird dann mit dem der separat gehaltenen, gerade weiblichen Austern gemischt, um ein optimales Verhältnis zwischen Spermien und Eiern zu erzielen. Viel Manneskraft braucht es nicht: Zwei Milliliter männliches Ejakulat können mehrere Millionen Eier befruchten. Nach einer etwas brutaleren Methode werden die Geschlechtsteile der männlichen Austern mit Pinzetten entfernt, dann in einen Mixer gegeben und in einem genau bemessenen Mischungsverhältnis den Eiern beigefügt. So entstehen die Larven. In Amerika, selbst in den großen französischen Austernzuchtgebieten an der Kanalküste, aber auch auf Sylt, in der einzig deutschen Austernzucht, sind die Austernbauern mittlerweile zur Gänze von Austernlaboren abhängig. Diese liefern ihre ›Spats‹ genannte Ware in etwa golfballgroßen, feuchten Säckchen an. Wenn die Tiere dann ins Meer gesetzt werden, sind sie etwa 2 bis 3 Millimeter groß.

Wird eine Auster doch noch im Meer gezeugt, kann ihre Larve gut zwei Wochen nach der Befruchtung selbst schwimmen. Spätestens jetzt verlassen sie ihre Mutter, obwohl sie sich biologisch gesprochen eigentlich noch im Stadium eines Eis befinden. Die Austernbiografin MFK Fisher hat in ihrem Buch *Austern zum Beispiel* dieses Lebensalter als das einzig »glückliche« bezeichnet:

> *Es ist zu hoffen, jedenfalls die zartfühlenderen unter den Lesern werden das tun, dass die Austernlarve – unsere Austernlarve – ein wenig Freude am Leben hat. Nur in diesen kurzen zwei Wochen kann sie flanieren oder sich rücksichtslos ins pralle Leben stürzen.* […] *Sind zwei Wochen vorbei, setzt sie sich ohne zu zögern auf den ersten sauberen und harten Gegenstand, auf den sie stößt.*

Damit ist das freie Leben des Tiers bis hin zum wahrscheinlichen Tod durch menschliches Verschlingen vorbei. Das Planktonstadium ist, darin der menschlichen Pubertät ähnlich, der gefährlichste Lebensabschnitt. Die Larve ist ein wohlschmeckendes Nahrungsmittel für alles, was im Meer lebt, vom Wal über die Koralle bis hin zu den eigenen Eltern.

Nehmen wir an, eines der Millionen Austerneier hat entgegen aller Wahrscheinlichkeit seine frühe Jugend überlebt. Bevor es für den Rest seines Lebens sesshaft wird, kommt es kurz in ein ›beäugtes Stadium‹. In diesem besitzt das Kleinstlebewesen ein primitives Sinnesorgan, das allerdings kaum mehr als Hell und Dunkel unterscheiden kann und im Verlauf der Ado-

Zwischen einem und acht Jahren alt: S. F. Denton, Oysters Natural Size.

leszenz auch wieder verschwindet. Mithilfe eines Fußes, den die Auster jetzt noch besitzt, der aber ebenfalls verschwinden wird, kann sich das kleine Noch-nicht-Schalentier sogar noch ein wenig hin und her bewegen, um einen besseren Ort zum Leben zu finden. Doch bald ist Schluss mit Flanieren.

Nach den Wochen des freien Herumschwimmens im Ozean setzt sich das zu diesem Zeitpunkt ungefähr einen Drittelmillimeter große Wesen mit seinem »*linken Fuß*« – die dickere Unterseite der asymmetrischen Auster wird als die linke bezeichnet – mit einem zementartigen Bindemittel auf einer Unterlage seiner Wahl fest. Biologen haben errechnet, dass von einer Million Austerneier nur zweihundertfünfzig das Stadium einer Saatauster erreichen. Nur ein Dutzend von ihnen übersteht normalerweise den ersten Winter. Sprich: Die zwölf Austern auf meinem Teller sind die einzigen Überlebenden von vielen Millionen gezeugten Geschwistern.

Ab dem Moment ihrer Sesshaftwerdung beginnt die kleine Auster »unverzüglich, sich dem Trinken zu widmen«, weiß MFK Fisher zu berichten. Die Auster verdaut buchstäblich ihre Umgebung. Für sie liegt unter der Wasseroberfläche ein wahres Schlaraffenland: Das Essen kommt zu ihr in den Körper. Sie muss sich nicht bewegen, die Nahrung schwimmt durch sie hindurch. Jede Auster trinkt pro Stunde viele Liter Meereswasser, bis zu zweihundertvierzig am Tag. Sie spült das Wasser durch ihren Körper und filtert dabei von Plankton über menschliche Exkremente bis zu anderen Austerneiern alles heraus, was ihr schmeckt. Nach hundert Tagen kann das Tierchen, beziehungsweise dessen Schale, die man ja ausschließlich sieht, bereits vier bis fünf Zentimeter groß sein. Während der permanenten Schlemmerei kann die Auster ungehindert ihren wechselnden sexuellen Neigungen nachgehen und könnte – falls sie kein Austernfischer fängt oder ein Züchter sammelt – wohl zehn bis zwanzig Jahre alt und zwei Kilo schwer werden.

Jene Austern, die wir Menschen im Restaurant aufgetischt bekommen, erleben ihre Sesshaftwerdung jedoch nicht selbst gewählt im Meer. Wenn sie ihr Leben in einem der Plastiksäcke eines Austernzüchters fortführt, gehört sie gewissermaßen zum Jetset der Spezies. Ausgerechnet das unbeweglichste aller Wesen wird zeit seines Lebens von seinen Züchtern dorthin gebracht, wo es ihm am besten gefällt. Es verbringt dann, egal ob es im Meer von richtigen Eltern gezeugt oder in einem Plastiktank von Biologen gezüchtet wurde, sein Leben zusammen mit gleichaltrigen Artgenossen in wildromantischen Meeresgegen-

Ein philosophises Problem als Sammelkarte: Was ist eine Auster – »Qu'est-ce qu'une huître?«

den wie der Bretagne oder der Irischen See, immer umspült vom nährstoffreichen Tidenhub, geputzt und bei Ebbe immer wieder gewendet von heraneilenden, hart arbeitenden Austernbauern. Diese haben die Tiere meist in Säcke gepackt und auf Tische im Wasser gestellt, damit sie nicht im Schlamm versinken oder von Feinden gefressen werden. Immer wieder werden die Säcke bei Ebbe gewendet, damit die Tiere nicht zusammenwachsen, sondern ihre individuelle tropfenförmige Gestalt annehmen können, die in den Restaurants der Welt geschätzt wird. Am Ende seines Lebens, nach drei Jahren in einem Zuchtbetrieb, darf das Tier die letzten Wochen womöglich in einem gemütlichen warmen Becken in den wohlschmeckenden Brackwassern von Marennes-Oléron verbringen. Schließlich wird es gereinigt, veredelt und geschmacklich verbessert, also affiniert, bevor es vorsichtig auf Algen gebettet, in hölzernen Kartons in Kühllastwagen transportiert oder in Flugzeugen um die Welt geflogen wird. Wo auch immer es ankommt, wird es in noblen Geschäften präsentiert oder bekommt Zugang zu den besten Restaurants der Welt, in die selbst Menschen nicht immer leicht hineinkommen.

Austern besitzen ein pumpendes Herz, aber kein denkendes Hirn. Sie besitzen einen Mund, einen Darm, einen relativ komplizierten Magen, einen After sowie Kiemen. Auf diesen sitzen kleine Wimpernfädchen, die eine Art Saugbewegung erzeugen, die das umherfließende Wasser durch die Kiemen geleiten. Diese Wimpernfädchen sind es, die auf Säure mit der zuckenden Bewegung reagieren. Wie aber isst eine Auster? Die Wissenschaft hat die komplexe Nahrungsaufnahme der Menschennahrung Auster relativ gut untersucht. Ihre Beschreibung durch Rudolf Kilias klingt nicht unbedingt appetitlich:

> *Der in die Muschel führende Wasserstrom gelangt zuerst in den ventralen* [bauchseitigen] *Teil der Mantelhöhle, von dort durch die Kiemen in den dorsalen* [hinteren] *Teil, und verlässt anschließend die Mantelhöhle und damit die Muschel in der*

Nähe des Afters durch die so bezeichnete Ausströmöffnung. Die auf den Kiemen hängen gebliebenen Teilchen werden mit Schleim verklebt auf Wimperbahnen den beiderseits der Mundöffnung liegenden Mundlappen zugeführt, die sich von Zeit zu Zeit mit den Nahrungsstoffen beladen in den Mund hinein stülpen.

Aber auch einer Auster schmeckt nicht alles. Sie sortiert, was ihr so vor den Mund kommt, sorgfältig aus:

Die nicht verwertbaren Substanzen gelangen von dort gleich über andere Wimperbahnen in die Nähe der Ausströmöffnung, wo sie zunächst abgelagert werden. Bei gelegentlichem Öffnen und Schließen der Schalenklappen stoßen die Muscheln diese ungeeigneten Partikel (Pseudofaeces) zusammen mit dem Wasser und den Faeces [Kot] *aus.*

Benutzt wird dieser komplizierte Verdauungsapparat nicht immer. Nach einem harten Winter ist der Darm meist leer, gut gefüllt ist er hingegen in der Vermehrungsperiode ab Juli. Der Stoffwechsel der Austern ist im Sommer so stark, dass ihre ›Ställe‹, die Austernbänke, ständig ausgemistet, also vom Austernkot befreit werden müssen.

Das mächtigste Organ der Auster ist ihr zentraler Muskel: Ein Körperteil, mit dem ein zehn Zentimeter großes Tier ein Gewicht von neun Kilogramm mühelos heben könnte, wenn es nicht seine ganze Kraft darauf verwenden würde, seine beiden asymmetrischen Schalen bei Bedarf zusammenzupressen. Die Auster besitzt genau diesen einen Muskel. Die einzige binär-digitale Bewegung, die dieses monomuskuläre Wesen, der Molluskel, ausführen kann, ist: sich öffnen – wobei das von selbst geschieht – oder schließen. Ein oder Aus. Die Evolution hat im Fall der Auster herausgefunden: Es braucht kein Hirn, um einen Muskel zu steuern. Eine Handvoll chemischer Prozesse und eine selbstgebaute Rüstung genügen für ein erfülltes Leben vollauf.

Die Hälfte der Muskelstränge der Auster sind auf Geschwindigkeit ausgelegt, um die Schalen bei Gefahr schnell schließen zu können. Sie besitzen keinerlei Ausdauer und könnten den Panzer nicht lange geschlossen halten. Diesen für das Überleben im Trockenen wichtigen Part übernimmt der dunklere Teil des Muskels. Ohne ihn zu zertrennen, ist einem Menschen ein Öffnen der Delikatesse nicht möglich. Erst die ausdauernde Kraft dieses Muskels ermöglicht den tagelangen Lebendtransport der Muscheltiere. Er kann die Auster geschlossen halten. Dieser Muskel wird von den Austernzüchtern regelrecht trainiert: Immer wieder werden die Tiere abwechselnd ins Wasser der Klärbecken gesenkt, wo sie sich öffnen, und dann wieder trocken gelegt, wobei sie sich mit einem ausreichenden Vorrat an Wasser versehen fest verschließen. Vor dem Verschicken wird die Trockenperiode verlängert: Eine Auster kann an ihrem Ende geschlossen bis zu zwei Wochen ohne Wasser überleben, da sie aus sich selbst heraus Wasser freisetzen kann. Genauso lange kann sie auch reisen und verschickt werden. Eine offene Auster, die kein Wasser mehr enthält, ist eine tote Auster. Eine tote Auster ist keine gute Auster.

Erwachsene Austern besitzen ein multifunktionales Geschlechtsorgan, die Gonaden, aber keine Sinnesorgane. Und trotzdem können sie ihre Umgebung wahrnehmen. Bei Wasserknappheit, egal ob bei Ebbe oder in einem Lebensmitteltransporter, verschließen sie ihre Schalen. Sie reagieren auf Licht und

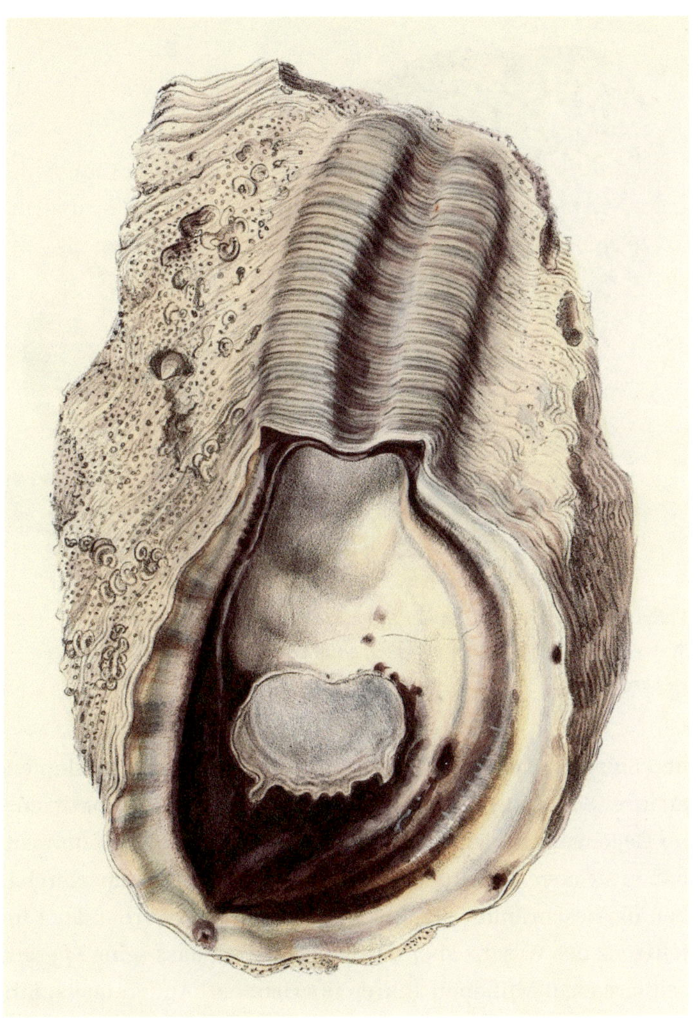

Das Tier ... wenig mehr als seine eigene leblose Schale, die das Wesen, das sie geschaffen hat, lange überlebt.

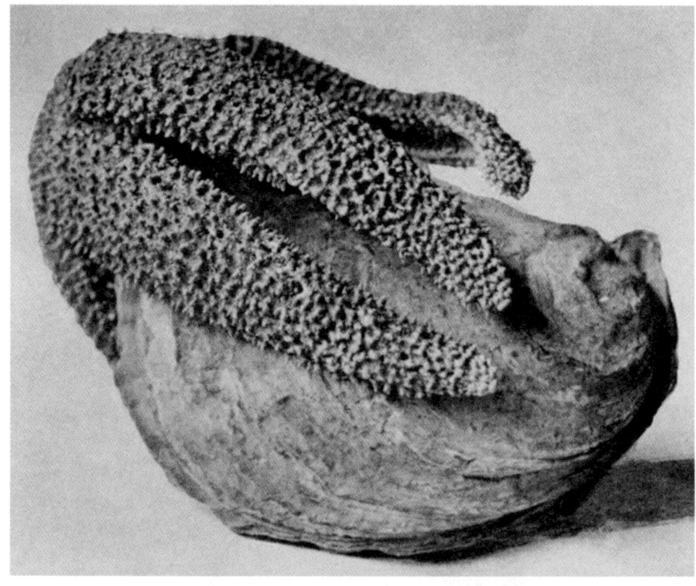

Nahrungskonkurrent Nummer Eins: Anders als der Mensch haben Seesterne Mittel gefunden, Austern ohne den Gebrauch von Werkzeugen zu verzehren.

den Salzgehalt des Wassers, auf Schatten oder auf ein Klopfen an ihrer Schale. Es heißt, die Tiere würden zwei Sinne besitzen – im Gegensatz zu den fünf beim Menschen. Streng genommen haben sie aber nur einige simple Drucksensoren. Immerhin haben die beschränkte Gefühlswelt und die nicht vorhandene Intelligenz des Wesens aber dazu beigetragen, dass seine Spezies seit circa 250 Millionen Jahren überlebt hat. Andererseits: Ein Muskel und ein paar Drucksensoren genügten zwar fürs Überleben, reichen aber nicht aus, den Menschen als tödlichen Feind (oder väterlich-mütterlichen Züchter oder Züchterin) wahrzunehmen. Wozu auch? Wozu die Gefahr erkennen, wenn man eh nichts an ihr ändern oder wegrennen kann?

Egal, wie alt sie wird: Das Leben einer Auster ist eigentlich paradiesisch. Zufrieden wie Buddha und buchstäblich in sich selbst ruhend, trinkt sie, so viel sie kann, fächelt Nahrung durch sich hindurch und lässt alles, was sie bedrängt, an ihrer harten Schale abprallen. Gefahren für sie gibt es dank des kräftigen Panzers kaum. Die Zahl der natürlichen Feinde hält sich in Grenzen. Um einer Auster gefährlich werden zu können, muss man evolutionsbiologisch ein rechter Spezialist sein: Einige Seesterne können sie mit ihren Armen umschlingen, schaffen es, die Schale einen Spalt zu öffnen und ihren eigenen Magen in die Muschel hineinzustülpen. Das Innere verdauen sie geschickt von außen. Gegen eine solch perfide Angriffsart, die den *Alien*-Filmen entsprungen sein könnte, ist naturgemäß jedes Lebewesen machtlos. Der zweite natürliche Feind ist so stark auf die Auster spezialisiert, dass er sogar nach seinem Beutetier benannt wurde und ›Austernbohrer‹ heißt. Diese Schneckenart macht, was ihr Name verspricht: Mithilfe einer Säure bohrt sie Löcher in die eigentlich undurchdringliche Schale und saugt die Auster von außen aus. Dem Menschen, der, kaum dass er das Affenstadium verlassen hatte, sich dem Verzehr von Austern widmete, fehlt ein solch filigranes Geschick. Im fairen Wettbewerb Wesen gegen Wesen unterliegt er ständig: Ohne Werkzeug schafft er es nicht, eine Auster zu öffnen. Trotzdem hat er die Muschel in seiner Gier bereits zweimal beinahe ausgerottet ... bevor er sich auf seine schöpferischen Fähigkeiten als Heger, Pfleger und Kaufmann besann.

Lukrativer Handel mit lebendigen Wesen.

Zucht und Ordnung

Austernteiche hat zuerst Sergius Orata zu Bajä vor dem Marsischen Kriege erfunden, jedoch nicht wegen des Genusses, sondern aus Habsucht, weil er aus dieser seiner Erfindung große Einkünfte zog.

PLINIUS DER ÄLTERE, Historia Naturalis

Als in der Antike die Austernbestände zurückgingen, fingen die Griechen an, Tonscherben in Ufernähe auszulegen, weil man erkannt hatte, dass sich Austern besonders gern an ihnen festsetzen, um dort ihr Leben zu verbringen. Wenig später, als die vornehmen Römer die Austern des Mittelmeeres fast aufgegessen hatten, schaffte es ein gewisser Gaius Sergius Orata, eine besonders schöne Sorte namens ›Calliblephara‹ (›mit schönen Augenbrauen‹) zu kultivieren. Seine mit der Nennung in diesem Buch belegte Unsterblichkeit verdankt er nicht nur der Tatsache, dass er die Fußbodenheizung erfand, sondern vor allem, weil er mithilfe von Zweigen, die er um ausgewachsene Austern herumlegte, deren Brut einfing und sie im Lucrinischen See, einem geschickt über Kanäle versorgten Salzwassersee in der Bucht von Baia bei Neapel, großzog. Die reichsten Römer waren seine Kunden. Orata war bald darauf einer von ihnen.

Seine Technik der Austernkultivierung geriet dann kurioserweise nahezu zwei Jahrtausende völlig in Vergessenheit. Es dauerte bis in die Mitte des 19. Jahrhunderts, als die natürlichen, eigentlich als unermesslich geltenden Austernbestände weltweit zum zweiten Mal fast vernichtet waren, bevor man diese Art der Kultivierung sozusagen zum zweiten Mal erfand. In Frankreich ging man auf persönlichen Befehl des austernliebenden Kaisers Napoleon III. daran, nach Methoden zu suchen, wie man die bis dahin nur wild geernteten Meerestiere gezielt züchten könnte. Bis zu dem Tag hatte man Austern von Schiffen aus vom reichlich bewohnten Meeresboden gekratzt.

Als dieser leergefischt war, stellte bei der Zucht das Einfangen der planktongroßen Jungtiere das größte Problem dar. Der Mitte des 19. Jahrhunderts vom Kaiser eingesetzte Generalinspektor für Seefischerei Jean Victor Coste entwickelte daraufhin in der Bucht von Arcachon das schon der Antike bekannte System, die Larven mittels aufgestapelter Dachziegel zur Ansiedelung zu verführen. Ein Maurer namens Michelet brachte den staatlichen Austernbeauftragten 1865 auf die Idee, die Ziegel obendrein zu ›äschern‹, also eine Kalkschicht aufzutragen, dank derer die jungen Austern leicht von den Ziegeln abgestreift und in Säcken weitertransportiert werden konnten. Besucht man die Austernzüchter bei Arcachon, zeigen sie heute noch die weiß getünchten, tönernen Dachziegel vor, genannt ›collecteurs‹, um Touristen zu demonstrieren, wie traditionell sie Austernlarven fangen. Die Erfahrung hat gezeigt, dass einige wie bei einem Heizkörper übereinandergeschichtete Plastikschälchen den gleichen Effekt haben. Der einige Millimeter große ›Spat‹ wird dann nach ein paar Monaten abgestreift, gewaschen und weltweit verschickt. Kaum ein Austernbetrieb besitzt heutzutage noch eine eigene Zucht. Das liegt auch daran, dass sich die in Europa fast ausschließlich angebauten Pazifischen Felsenaustern absurderweise in den Gegenden, in denen

Es war einmal: Austernfischerei an der französischen Küste. Wenig später waren fast alle Bestände der zuvor als unermesslich geltenden Populationen leergefischt. Das war der Beginn der bis dahin unnötigen Austernzucht.

sie besonders gut gedeihen, zum Beispiel in den Gezeiten des Atlantiks am Ärmelkanal, nicht gern fortpflanzen, weil es ihnen dort schlichtweg zu kalt ist. Viele Austern verbringen daher ihre Jugend in Arcachon, ihr Leben in der Bretagne und ihren Lebensabend in Marennes-Oléron, wo sie geklärt und veredelt werden. In England spart man sich den letzten Klärungsprozess. Hier müssen Austern nur zweiundvierzig Stunden lang in durch UV-Bestrahlung sterilisiertem Wasser gereinigt werden.

In fast jeder besseren Lebensmittelabteilung eines Kaufhauses oder beim lokalen Fischermeister werden einem in Deutschland durchschnittliche Industrieaustern mit dem

Spruch: »*Fines de Claire*, das sind die besonders Feinen«, als Spezialität verkauft. Dabei legt die gesetzlich genau definierte Handelsklasse *Fines de Claire* nur einen Mindeststandard fest. Die Bezeichnung hat nichts mit *clair*, dem Wörtchen ›klar‹ zu tun, wie der deutsche Käufer gern vermutet, *Claire* bedeutet schlicht ›Austernpark‹, es sind also nur ›die Guten aus dem Austernpark‹. Diese Austernparks liegen zumeist in dem modrigen, schwer zu passierenden Schwemmgebiet des Flüsschens Seudre, das täglich von Meeresfluten überschwemmt wird und tagsüber eigentümlich brachliegt. Wer es hingegen feiner mag, der muss zu den etwas teureren *Spéciales de claire* greifen. Diese Muscheln werden länger als zwei Monate geklärt, was dazu führt, dass sie zwar ›reiner‹, aber auch etwas langweiliger schmecken. Bisher bewegen wir uns – was die französischen Herkunftsbezeichnungen betrifft – auf der Ebene des Schaumweines. Wer lieber Champagner mag, der muss zu Austern aus Marennes-Oléron greifen, das weltweit einzige als Herkunftsbezeichnung geschützte Gebiet. 30 000 Tonnen Austern, fast ein Viertel der französischen Produktion, werden hier jedes Jahr produziert. Es gibt weniger, was landschaftlich gesehen ernüchternder ist, als durch diese Wunderkammer des Genusses zu fahren. Nichts erinnert hier im Westen von Frankreich daran, dass in dieser Gegend ein paar der besten kulinarischen Produkte der Welt gedeihen. Auf den Hügeln links liegt das Chateau Margaux, dessen Rotweinflaschen zu Kleinwagenpreisen verkauft werden. Hier reiht sich eine Austern-Cabane an die nächste. Kaum eine sieht sehr ansehnlich aus. Schlamm und Dreck, hin und wieder ein Haufen leerer Austernschalen voller Fliegen lassen wenig Romantik aufkommen. Man fühlt

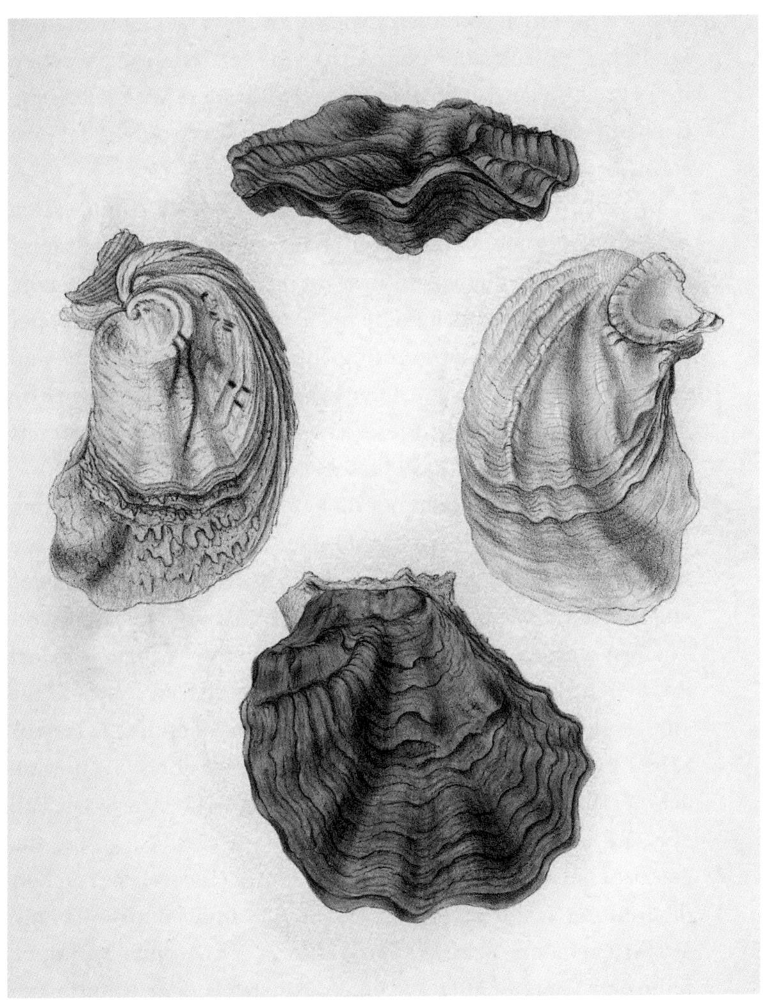

Europäische (dunkel, flach) und Pazifische Austern (hell, länglich) im Vergleich.

sich wie in einer von allen Lebewesen verlassenen Schlammlandschaft. Wenn aber eine Auster die letzten sechs Wochen ihres Zuchtlebens in einem der siebenhundert Veredelungsbetriebe hier verbracht hat, darf sie den Austern-Adelstitel ›Marennes-Oléron‹ tragen.

Es gibt in Europa allerdings nur in den seltensten Fällen noch lokal gezüchtete, im Meer geborene und auch hier heimische Austern. Lediglich ein Prozent der europäischen Austernproduktion widmet sich heute noch der eingeborenen Europäischen Auster, die runder und flacher ist als die inzwischen zu neunundneunzig Prozent angebaute, importierte, japanische Pazifische Felsenauster. Dieses eine Prozent stammt meist aus dem Mündungsgebiet des Flüsschens Bélon.

Bis Mitte des 19. Jahrhunderts lebte auf den Meeresgründen in Europa fast nur diese Europäische Auster, *Ostrea edulis*. Sie ist seit vielen Jahren vom Aussterben bedroht. Sie ist so etwas wie der wilde Wolf unter Millionen Haushunden. Die Belon-Austern werden wirklich am Bélon geboren, verbringen dort ihr Leben und entstammen einer ganz anderen Spezies. Sie sind seltener und teurer als die vorherrschenden Felsenaustern. Ihr Innenleben ist etwas fester, weniger fleischig und sie schmecken meist weniger intensiv nach Meer. Auf jeden Fall sind sie die einzig legitimen Nachfahren der fast völlig ausgestorbenen europäischen *Ostrea edulis*. Ihre vorherrschende Stellung verlor diese im Jahr 1868. Damals suchte das mit Austern beladene Schiff *Le Morlaisien* in der Gironde-Mündung nahe Bordeaux Schutz vor einem Sturm. Da der Kapitän seine Fracht für verdorben hielt, kippte er sie ins Meer. Der Sage nach verdrängten diese aus Japan importierten und in Portugal kultivierten Tiere durch ihre größere Widerstandskraft die heimischen Europäischen Austern fast vollständig. In Frankreich erhielten sie zudem den falschen Beinamen ›portugueses‹. Doch auch sie gibt es heute kaum noch.

Denn gut hundert Jahre später starben in den 1960er-Jahren in Frankreich durch eine Virusepidemie beinahe alle Austern aus. Grund dafür war nicht unbedingt die Meeresverschmutzung – in der sich Austern ja gar nicht so unwohl fühlen –, sondern absurderweise die Antifouling-Lackierung der Boote, mit denen die Austernzüchter durch ihre Austernbänke fuhren. Ersetzt wurden die Bestände mit kanadischen und japanischen Austern der Art *Crassostrea gigas*, die – wie ihr Name schon sagt – besonders groß und schnellwüchsig sind. Seitdem machen immer wieder Geschichten vom Austernsterben die Runde, 2013 war es etwa eine Herpesart, die achtzig Prozent der Bestände vernichtete. Trotzdem sorgt der Mensch für seine Tiere und ihren Fortbestand: Als nach der Atomkatastrophe von Fukushima die japanischen Austernbestände ungenießbar waren, revanchierten sich die Europäer und reimportierten die ursprünglich aus Japan stammenden, in Europa eingeführten Tiere wieder in ihr Herkunftsland.

Lange Zeit galt eine Aufzucht der Austern im Labor als unmöglich. Austernzucht war ein naturnahes Unternehmen: Nicht einmal Zusatzstoffe zur Ernährung konnte man in den Ozean schütten. Artfremde Tierhaltung – bei Zivilisationstieren wie Hühnern, Schweinen, Lachsen üblich – ist bei Austern unmöglich. Sie liegen im salzigen Wasser in der Natur herum, das Futter kommt zu ihnen. Eine Auster belastet ihre Umgebung nicht, sondern reinigt sie sogar von biologischem Ballast.

Kurz: Austernzucht war ein Paradies naturnaher Lebensmittelerzeugung. Bis im Juni 1997 ein chinesischer Forscher in Amerika ein Patent erhielt. Die Öffentlichkeit hat bis heute wenig davon erfahren. Die Branche spricht nicht allzu gern darüber. Das diesbezügliche US-Patent trägt die Nummer 5824841, es stammt vom 20. Oktober 1998 und es veränderte mit einem Schlag eine jahrmillionenalte Tierart.

Seitdem ist die Auster, vormals eines der fruchtbarsten Lebewesen des Erdballs, in weiten Teilen zur enthaltsamen Unfruchtbarkeit verdammt. Ihre Existenz ist eine rein künstliche. Der Text des betreffenden Patentes liest sich so:

> *Provided by this invention are novel tetraploid mollusks, including oysters, Scalops, clams, mussels and abalone. Also provided are a method for producing the tetraploid mollusks and a method for producing triploid mollusks by mating the novel tetraploid mollusks with diploid mollusks.*

Was hiermit beschrieben wird, ist ein Verfahren, in dem ein im Reagenzglas erzeugter Austernvater mit vier genetischen Sätzen mit einer Austernmutter gekreuzt wird, die wie jedes Lebewesen zwei genetische Sätze besitzt. Das Ergebnis der Kreuzung sind – nach der Zellteilung (vier plus zwei geteilt durch zwei) –›triploide‹ Austern, mit drei Chromosomensätzen, die zwar nicht mehr fortpflanzungsfähig sind, aber genau deshalb in den letzten paar Jahren die ganze Branche revolutioniert haben. Ich beschloss, endlich einen Austernzüchter zu besuchen.

Der Mann mit der dunklen Brille

Enthusiasmus vergleich ich gern
Der Auster, meine lieben Herrn

JOHANN WOLFGANG VON GOETHE, Epigrammatisch

Der ältere Mann mir gegenüber spricht keine Sprache außer Französisch, das ich nicht beherrsche. Dafür trägt er eine große dunkle Sonnenbrille. Vielleicht sieht das Café de Turin, in dem er mich zur Audienz an einem kleinen Marmor-Bistrotisch empfängt, durch seine Brille noch recht schick aus. Es hat jedenfalls schon bessere Zeiten gesehen. Es existiert hier in Nizza, an exakt diesem Platz, seit 1908 und ist eine Institution der Austernesser. Die letzte Renovierung dürfte schon ein paar Jahrzehnte her sein. Egal, es geht hier um das Produkt, das draußen vor der Tür in Kisten auf Eis gelagert wird. Das Produkt heißt Auster. Man verkauft hier nicht Austern vom Markt, sondern nur die eigenen; die des Austernproduzenten Roumégous, der noch fast zwei Jahrzehnte älter ist als das Café de Turin. Seit 1891 befindet sich dessen Austernzucht im atlantischen Marennes-Oléron-Gebiet weiter oben im Nordwesten.

Fragt man Jean Roumégous – so heißt der Mann mit der Sonnenbrille im Café – danach, wie lange der Zuchtbetrieb schon in Familienbesitz sei, rechnet er lange nach, hebt einmal alle Finger einer Hand und später noch ein oder zwei der anderen. Das Fingerspiel bedeutet: Er selbst ist mittlerweile in der fünf-

Seit über einem Jahrhundert werden im Café de Turin in Nizza Austern aus der Marennes-Oléron angeboten. Heute besuchen auch Frauen das Restaurant.

ten Generation Austernfischer und -züchter, allerdings haben inzwischen schon sein Sohn François und seine Enkel Adrien und Jules die härtere Arbeit draußen auf den Meeren und in den Büros übernommen. Rund tausend Tonnen Austern produziert das Familienunternehmen jedes Jahr. Jean kümmert sich im Stil eines alten Maestros um das Café de Turin und residiert hier so, wie ein alter Herr das eben tut: Etwas unnahbar sitzt er in seinem Café, begrüßt herzlich die Stammgäste, auf meinen Besuch reagiert er freundlich, aber mit royaler Herablassung. Vermittelt durch seinen Geschäftsführer Alexandre kommt dann doch noch so etwas wie ein Gespräch zustande, das sich allerdings lange im Ungefähren dahinschleppt.

Ob es denn noch Probleme mit Piraterie auf den Austernfeldern gebe, frage ich. Legendär ist ja, wie Jack London erst als Austernpirat und dann als Aufpasser gut lebte, und heute noch werden ganze Krimis über das Thema geschrieben. Jean schüttelt milde lächelnd den Kopf. Gibt es andere Probleme mit dem Ertrag? Nein, seit man die Austern mit dem Dreifachchromosom einkaufe, gebe es keine Qualitätsschwankungen mehr. Die Tiere mit dem dreifachen Chromosomensatz, der sie fortpflanzungsunfähig macht, wachsen in Ermangelung des bei Austern ansonsten ausschweifenden Sexuallebens viel schneller und sind weniger anfällig für Krankheiten. Es ist absurd: Die Austern überleben durch Unfruchtbarkeit. Die triploiden, fortpflanzungsunfähigen Austern, sagt der Austernzüchter in fünfter Generation, seien für die Branche ein Segen gewesen. Er erzählt das so beiläufig, als ob es sich um eine Umstellung von Braunvieh auf Schwarzvieh gehandelt hätte.

Triploide Austern sind nicht kennzeichnungspflichtig, denn da ihr Chromosomensatz nur vermehrt, aber nicht verändert wurde, gelten sie nicht als ›genmanipuliert‹. Inzwischen weiß niemand, der eine Auster schlürft, was für ein Wesen er isst. Ihr Chromosomensatz ist einer Auster nicht anzusehen. Manche behaupten sogar, die künstlichen triploiden Austern, die in aller Stille vom Institut français de recherche pour l'exploitation de la mer, dem französischen Institut für Meeresforschung, kurz IFREMER, in den Markt eingeführt wurden, schmeckten besser als die aphroditisch meergeborenen Tiere. Im Mittelmeerbecken von Thau schafft man es sogar, triploide Austern anzubauen, die bereits nach neun Monaten statt nach drei Jahren Marktreife haben. Sie lassen sich obendrein mühelos ganzjährig ernten, da sie nicht wie ihre liebestollen Vorfahren die Sommermonate mit kraftraubender Eier- und Spermaproduktion verbringen. Die alte, immer wieder kolportierte Regel von den schlechten, schwangeren Austern in Monaten ohne R, in denen man sie nicht essen sollte, ist somit noch hinfälliger, als sie es je war. Sie diente früher nur dazu, die Bestände während der Vermehrungszeit zu schützen.

Und so ist die Laborauster in den letzten zwei Jahrzenten in aller Stille, zu der eine einträgliche Industrie fähig ist, zum Marktführer geworden. Weltweit dürften inzwischen mehr als die Hälfte aller geernteten Austern triploid sein. In letzter Zeit regt sich dagegen in Frankreich jedoch leiser Protest. Nachdem dort 2018 ein Dokumentarfilm mit dem Titel *L'huître triploïde, authentiquement artificielle* (›Triploide Austern, echt künstlich‹) ausgestrahlt wurde, hat sich Widerstand gegen dieses Vorgehen zumindest formiert. Eine Gruppe Austernzüchter hat sich unter der Bezeichnung ›Ostréiculteur traditionnel‹ zusammengeschlossen. Sie bestehen darauf und werben damit, dass ihre Austern im Meer und nicht in Reagenztanks geboren wurden. *Née en mer,* lautet ihr Schlachtruf, der etwas eigentlich Selbstverständliches als seltenes Qualitätsmerkmal einfordert. Die traditionellen Austernzüchter sind allerdings in der Minderheit, eine eher verschwindende Gruppe kleiner handwerklicher Betriebe. Das große Geschäft machen andere.

Französische Austernzüchterverbände, aber auch alteingesessene Züchter wie Monsieur Roumégous, versuchen zu beruhigen, dass die Veränderung der Genzahl seit Längerem auch bei Obstsorten wie Mandarinen oder Zuchtäpfeln, etwa der Sorte Jonagold oder Boskoop, vorkomme. Auch bei Lachsen,

Forellen und Goldfischen gibt es bereits weit fortgeschrittene Versuche mit einer Erhöhung der Genzahl. Für den Handel zugelassen sind diese tierischen Züchtungen allerdings im Gegensatz zur Auster nicht. Die größte Gefahr, das geben selbst die technikgläubigen Ingenieure des IFREMER zu, besteht darin, dass die triploiden Austern, die in geringen Stückzahlen auch in der Natur existieren oder aus den Zuchtbetrieben ›entkommen sind‹, rätselhafterweise nicht wirklich zu hundert Prozent fortpflanzungsunfähig sind. Warum das so ist, wissen die Forscher entweder wirklich nicht, weil es biologisch fast unmöglich scheint, oder sie verraten es uns nicht, um ihr Geschäftsmodell nicht zu zerstören. Kritiker befürchten: Da die triploiden Tiere durchsetzungsfähiger als ihre natürlichen Verwandten sind, würden sie – einmal in ein natürliches Habitat eingedrungen – die ›natürlichen‹ Austern sofort verdrängen, bevor sie dann selbst wegen ihrer eigenen Fortpflanzungsprobleme zugrunde gehen. Vorbei das Austernfest.

Zurück nach Nizza ins Café de Turin, wo mir inzwischen das harte Handwerk eines Austernbauern geschildert wird. Fünfzig bis fünfundsiebzig Arbeitsschritte brauche es, bis eine Auster ihre letzte Minute am Gaumen eines Genießers verbringt. Die Roumégous-Austern würden zwischen der Normandie, wo die Familie unter anderem einige Hektar am – seit der Landung der Alliierten Ende des Zweiten Weltkrieges – sowohl geschichtsträchtigen als auch für die Austernzucht optimal gelegenen Utah Beach besäße, und dem Stammhaus in Marennes-Oléron hin und her gefahren. In der wilden Normandie würden sie besser wachsen, daheim im beschaulichen Bourcefranc-le-Chapus bekämen sie dann die letzten Monate den richtigen Geschmack verliehen. Und im Winter würden die Kiemen seiner Austern durch die nur hier vorkommenden Blaualgen dann auch jene seltene grüne Farbe annehmen, für die seine Familie seit Generationen weltbekannt sei. Das seien die Besten, ich könne sie gleich probieren. In der Tat sind die seltenen ›Fines de Claire verte‹ die ersten Austern, die das französische Gütesiegel Label Rouge für hochwertige Lebensmittel bekommen haben.

Trotz aller französischer Gastfreundlichkeit und trotz des Reizthemas ›triploide Austern‹ tröpfelt das Gespräch so vor sich hin. Monsieur Roumégous ist entweder zu vornehm, zu abgebrüht oder er nimmt mich als nicht Französisch sprechenden Menschen, der am Vormittag auch jegliche alkoholischen Getränkeangebote ausgeschlagen hat, nicht sonderlich ernst. Er verrät eigentlich nichts, was nicht durch eine kurze Recherche herauszufinden wäre. Bis ich mich an einen alten journalistischen Trick erinnere: Wenn ein Gesprächspartner nichts über sich selbst verraten will, dann fragt man ihn am besten nach seinem Nachbarn. Also frage ich nichtsahnend, was er denn vom Marktführer unter den Edelausternhändlern, der berühmten Firma Gillardeau halte, die ihre Produktionsstätte direkt neben seiner habe? Die Gillardeau-Austern gelten in der Gastronomie und unter Fischhändlern als der Rolls-Royce unter den Austern: ein teures Spitzenprodukt.

Plötzlich kommt Bewegung in den alten Herrn und seinen dolmetschenden Geschäftsführer. Ihre Augen beginnen zu blitzen. Sie reden plötzlich gleichzeitig auf mich ein. Diese Gillardeau-Austern, die überall in den Feinkostabteilungen angepriesen und teuer verkauft werden, so schimpft der Austernzüchter meines Vertrauens, die seien gar nicht von Gillardeau, die seien

Ein Heer von Frauen entsteigt den Fluten: Auguste Feyen-Perrin, Rückkehr der Austernfischer, *(oder: Fischerinnen), 1908. Inzwischen arbeiten auch Männer in der Austernzucht.*

überall zusammengekauft und würden dann nur in der Fabrik verpackt. Das sei Etikettenschwindel. Man solle nur mal in eine Kiste Gillardeau-Austern hineinschauen, dann würde man sehen, dass darin ganz unterschiedliche Tiere mit Schalen aller Art und Größe lägen. Denn die kämen von überall, während die Roumégous-Tiere, seine Austern, von klein an aufgezogen, per Hand gewendet und gepflegt würden. Zur Erläuterung wendet Alexandre, der Geschäftsführer, sein Handy ganz wild auf dem Marmor-Bistrotisch hin und her. So würde man das bei ihnen machen, während die Nachbarn von Gillardeau, die ja viel berühmter seien und als Inbegriff der guten Auster gelten, nur fremde Austern teuer verkaufen würden. Das sei eine wilde Mischung, ein ›Blend‹. Die Nachbarn, das seien nur geschickte Kaufleute, keine Austernzüchter. Draußen, in ihren Körben, könne man hingegen erkennen, dass alle Roumégous-Austern gleich aussähen.

Ein Gang zum guten Fischhändler, der natürlich Gillardeau-Austern führt, bestätigt die Erzählung. Aufgezogen werden die Tiere auf einer der vielen Austernfarmen, die die Firma in Frankreich, Irland, Schottland oder Portugal betreibt. Diese vielen verschiedenen Austern aus aller Länder Meere werden dann die letzten Wochen am Marennes-Oléron in Wassertanks gelagert, um das begehrte Gütesiegel zu erhalten. Darüber will man von Gillardeau-Firmenseite nicht reden. Als ich auf meiner Austern-Recherchefahrt den Marennes-Oléron durchquerte und beim Weltmarktführer Gillardeau um einen Termin angefragt hatte, erhielt ich auf meine freundliche Anfrage nicht einmal eine höfliche Absage. Staunend stand ich dann vor den noblen Industriehallen der Firma, die diese kurz vor der Île d' Oléron gebaut hat und die in ihrer grauen, sterilen Art so ganz anders aussahen als all die an stinkenden Kanälen liegenden Cabanes der handwerklichen Austernveredler dieser Gegend. Die Gillardeau-Austern zog ich mir bei einem Austernautomaten, den es vor dem Firmensitz gibt.

Die Firma Gillardeau ist fast genauso alt wie ihr kleinerer Konkurrent Roumégous. Gegründet wurde sie im Jahr 1898 von Henri Gillardeau in La Rochelle. Gern wird die Geschichte erzählt, dass Henri zwar zählen, aber nicht lesen konnte. Nachdem er auf der Höhe des ersten Austernbooms um die Jahrhundertwende genug Geld gemacht hatte, beschriftete er sein neues Haus – natürlich gegenüber von jenem des Bürgermeisters – mit den Worten ›Ça m' suffit‹: Das reicht mir. Genau diesen Familienslogan stellte Ende der 1970er-Jahre sein Nachfahr Gérard Gillardeau auf den Kopf, der es sich in denselbigen gesetzt hatte, aus dem namenlosen Allerweltsprodukt Auster eine Marke zu machen, die seinen Namen trägt und die Welt beherrschen sollte, zumindest aber Europa. Die höhere Qualität der Gillardeau-Austern begründet man damit, dass in ihren Austernsäcken weniger Austern enthalten sind, was das Wachstum der um Plankton konkurrierenden Tiere begünstigen soll. Um die zweitausend Tonnen Austern produziert Gillardeau im Jahr. Ihr größter Marketing-Gag: Aus vorgegebener Angst vor Produktpiraterie wird den Tieren seit 2004 ein G auf die Schale gelasert. Kauft man eine Kiste Gillardeau-Austern, ist – glaubt man dem nicht ganz so erfolgreichen Konkurrenten und Nachbarn Roumégous – die etwas protzige Lasersignatur allerdings das einzig Gemeinsame der Muscheln.

Mit dem G auf der Schale ist die Gillardeau-Auster gebrandet wie ein Druck von Albrecht Dürer (AD) oder ein Rolls-Royce (RR) und unverwechselbar auf dem Markt positioniert. Das Urtier ist in der internationalen Welt der Labels angekommen. Nur wenige Anbieter können da mithalten. Die Firma Tarbouriech mit ihren rosafarbenen, im Mittelmeerbecken von Thau an Stricken gezüchteten Austern gehört dazu. Dort hat man für das Stammhaus, in dem schon Casanova übernachtet haben soll, eine eigene luxuriöse Austerntherapie mit Bädern und Salzen entwickelt. Andere Betriebe gehen andere Wege: Ein relativ junger Familienbetrieb namens Saint Kerber hatte 2004 die Idee, seine französischen Austern nach den russischen Za-

Austernpiraten ernteten in den ›Oyster wars‹ der 1880er-Jahre in der Chesapeake Bay illegal mit Metallkörben den Meeresboden ab, was zu gewaltsamen Auseinandersetzungen führte.

ren ›Tsarskaya‹ zu taufen. Der Versuch, sie damit zum Luxusobjekt zu erheben, hat in den Lebensmittelläden Mitteleuropas einigen Erfolg, selbst wenn keine Überlieferung bestätigt, dass je ein Zar diese Austern gegessen hat.

Deutschlands einzige kommerzielle Austernzucht auf Sylt ist nur wenig älter. Im Wattenmeer wurde die Auster spätestens in den 1930er-Jahren ausgerottet. Seit dem Jahr 1987 und damit geradezu ein Parvenü unter den Austernzüchtern vermarktet dort die Firma Dittmeyer erfolgreich das Produkt Sylter Royal.

Und natürlich hat nie ein König diese Austern gegessen. Geboren werden die Austern nicht auf Sylt. Man bezieht den Spat aus schwedischen oder irischen Tanks. Im Winter müssen die Tiere aus dem Nordseewasser genommen und in eigens gebaute, zweihundertsiebzig Meter lange, geheizte Becken umgelagert werden, weil die Luxuswesen ansonsten den norddeutschen Winter nicht überstehen würden. Mit einer Million Austern, weniger als hundert Tonnen, ist die deutsche Jahresproduktion verschwindend gering.

Traditionelle Austernfischer gibt es heute so gut wie nicht mehr. Nur in Amerika existiert, besonders im Golf von Mexiko, noch nennenswerter Austernfang, bei dem wie bis ins 19. Jahrhundert hinein die Tiere mit Schleppnetzen vom Meeresboden gefischt werden. Sechsundneunzig Prozent der Weltproduktion stammen inzwischen aus Aquakulturen. Weltweit gibt es vier Methoden, um Austern zu kultivieren.

Bei der herkömmlichen Bodenkultivierung werden die Austern auf dem Meeresboden ausgesät und nach einigen Jahren mit Schürfnetzen wieder geerntet. Naturgemäß kommt es bei dieser Methode, die heute noch in kleinen Stückzahlen in England angewendet wird, zu großen Verlusten. In den USA hat man aber auch Methoden erfunden, die kultivierten Austern in verschiedenen Lebensaltern zwischen verschiedenen Becken oder Teichen umziehen zu lassen, in denen sie einfach auf dem Boden liegen.

In Frankreich ist die sogenannte ›Tischkultivierung‹ am weitesten verbreitet. In den atlantischen Gezeitenzonen liefert die Flut täglich Nährstoffe an, während bei Ebbe die Bewirtschaftung mit schwerem Gerät möglich ist. Die Austern befinden sich in sackartigen Netzen aus Polyethylen, die ungefähr einen halben Meter über dem Meeresgrund auf Eisentischen gelagert und mehrmals im Jahr bei Ebbe gewendet und beklopft werden. Diese Methode schützt die Austern vor ihren natürlichen Feinden und hält den Schlamm fern, der sie sonst überdecken würde.

Technisch am aufwendigsten ist die Leinenkultivierung, bei der die Austern – meist von Hand – im jungen Stadium mit Zement an Seile geklebt werden oder in kleinen Netzen liegen. Sie werden, besonders im Mittelmeer, wo der Gezeitenunterschied zu gering ist, mit Zeitschaltuhren immer wieder ins Wasser getaucht und herausgezogen. Auf diese Art können nun auch in Montenegro, in Kroatien an der Mündung des Limski-Kanals und – ganz neu – sogar im italienischen Po-Delta Austern wieder aufgezogen werden. Ähnlich funktioniert auch die Floßkultivierung, bei der die Austern in Säcken an einem Floß im Meer baumeln. In China, wo über achtzig Prozent der Weltproduktion beheimatet ist, hängen die Tiere in der Bucht von Shantou an bunten Bojen, an denen der Austernfarmer erkennt, wie groß seine Tiere schon sind. Anders als in Europa werden die Tiere dort nicht für Luxusmärkte, sondern zur Stillung des Eiweißbedarfes einer riesigen Bevölkerung und zur Produktion von Austernsaucen und Dosenaustern gezüchtet. Chinesische Austern sind beileibe keine Luxusprodukte, sondern eher ein Industrieprodukt wie Soja oder Mais. Trotzdem: Niemand kann sagen, der Mensch kümmere sich nicht um seine Kreaturen.

Gegen Ende meines Besuches bei Jean Roumégous werde ich hinausgeführt zu den Ständen, wo vor der Tür die Tiere in Körben und Kisten den Passanten präsentiert werden. Stolz wird mir gezeigt, wie ein Tier dem anderen gleicht und dass es wie beim ungeliebten Namen Gillardeau natürlich neben den *Fines de Claire* teurere *Spéciales de Claire* gibt, die mindestens zwei Monate länger im Becken geklärt werden müssen. Mit einer stummen Handbewegung wird einem Angestellten bedeutet, mir einige Austern zu öffnen. Überlegen werden mir die einzigartigen grünen Kiemen der Tiere gezeigt: Die gäbe es bei Gillardeau nicht. Dann verabschiedet Jean Roumégous sich, trottet zurück in sein Café, trinkt noch ein Gläschen Wein und wartet auf seine Stammgäste. Seine Austern waren köstlich.

Carlo Ponti, Oyster Vendor *in Venedig, um 1850.*

Einmal um die ganze Welt

Why then the world's mine oyster,
Which I with sword will open.

WILLIAM SHAKESPEARE, The Merry Wives of Windsor

Meine Reise um die Welt beginnt an den Gestaden der Normandie. Das Meer, in dem die Austern gedeihen und das überquert werden muss, hat sich gerade aus dem Hafenbecken von Trouville-sur-Mer zurückgezogen. Fast nirgendwo auf der Welt ist der Gezeitenunterschied so groß wie in dieser Weltgegend, die dadurch zum Inbegriff des Austernanbaus geworden ist. Die Austernbauern können hier mit Traktoren auf ihre ›Felder‹ hinausfahren, um die ausgedehnten Flächen zu bewirtschaften. Ihre Tiere liegen dort in Plastiksäcken auf Tischen, werden fleißig gewendet und, wenn die Flut kommt und die Traktoren ans Land zurückfahren, täglich vom Meer mit kostenlosen Köstlichkeiten gefüttert. Am Abend liegen die Boote nebenan im Hafenbecken nutzlos im Schlamm. Hier in der gefühlten Heimat der Austern ist man weit entfernt von Flagship-Stores und Marketinggags. An den Austernständen auf dem traditionellen Marché aux Poissons werden die Meeresfrüchte nicht nach Firmen, sondern nach Herkunftsgebiet und Größe geordnet. Es gibt sechs Größen, von №5, die circa fünfzig Gramm wiegen, bis №0, die über hundertfünfzig Gramm haben. Am meisten verkauft wird die mundgerechte №3, mit leichten fünfund-

Die Reise beginnt in der Bretagne: Eugène Boudin, Trouville. Le Marché aux Poissons, *1875.*

siebzig Gramm. Der Lebensmittelpunkt der Austern, die hier verkauft und oft sogleich verspeist werden, lag nur ein paar Kilometer entfernt. Nirgendwo kann man besser den Einfluss von Wasser und Terroir auf den Geschmack der Austern herausschmecken als an den Tischen der neun Fischgeschäfte, die Namen tragen wie Coté Mer oder Chez Pascal.

Sofort ins Auge gefallen sind mir die *Huîtres Speciales Utah Beach №3.* Sind über diese Austern schon die alliierten Truppen hinweggezogen, als sie dort landeten, um die Welt von Nazideutschland zu befreien? Gleich daneben liegen in einer Holzkiste, ein paar Kilometer weiter aus dem Norden kommend, solche aus *Saint-Vaast-La-Hougue №4*. Nur halb so weit entfernt wuchsen die aus *Asnelles & Isigny №2*. Einige Körbe tragen den Namen *Pleine Mer №3*. Der Verkäufer stellt mir gern eine Auswahl zusammen. Ich bemühe mich nach Kräften, Unterschiede festzustellen und ins digitale Notizbuch einzutragen. Man unterscheidet beim Schmecken von Austern drei bis vier Stadien: Zuerst nimmt man den Salzgehalt wahr, der je nach Meer, dem sie entstammen, wechselt. Dann die Textur. Und zum Ende hin stellen sich einige ›fruchtige‹ Geschmacksnoten ein, bevor man alles zur Vollendung mit einem Schluck eines kalten Getränks runterspült und sich ein befreiender Glücksmoment einstellt. Oder wie Ernest Hemingway es in seiner nachgelassenen Story *Paris – Ein Fest des Lebens* besser ausgedrückt hat:

> *Als ich die Austern mit ihrem strengen Meergeschmack und dem leicht metallischen Geschmack aß, den der kalte Weißwein fortspülte, sodass nur der Meergeschmack und die fleischige Konsistenz blieben, und als ich die kühle Flüssigkeit aus jeder Schale trank und mit dem frischen Geschmack des Weins hinunterspülte, verließ mich das Gefühl der Leere, und ich begann, mich glücklich zu fühlen und Pläne zu machen.*

Mein Plan war es, dem Geschmack der Austern hinterherzureisen. Tatsächlich sahen meine vier Austernarten hier am Stand in der Normandie mit etwas gutem Willen alle unterschiedlich aus. Die vom geschichtsträchtigen Utah Beach hatten etwas dunklere, fast schwarze Barthärchen. Die aus Asnelles – so entnehme ich es jetzt verblüfft meinen Notizen – waren im Vergleich etwas zäh. Zu den sogenannten *Pleine Mer*-Austern notierte ich: am ehesten einer Speise ähnlich, was immer ich dort am Stehtisch im Fischmarkt damit gemeint haben mag.

Pleine Mer-Austern werden etwas weiter draußen in den bretonischen oder normannischen Gewässern gehalten. Durch den starken Tidenhub werden sie trotzdem täglich von frischem Wasser umspült und schließen sich bei Ebbe. Theoretisch sollen sie etwas mehr nach Jod und Meer schmecken als die *Fines de Claire* aus den Austernparks. Zu den legendären *Utah Beach*-Gewächsen, die in ihrer festen, fetten Salzhaltigkeit zu den besten der Welt gezählt werden, notiere ich: fruchtig. Seit der Feinschmeckerpräsident François Mitterrand die von dort stammenden Austern des Austernpioniers Georges Quetier gelobt hat, gilt Utah Beach als Austern-Edelacker. Nur die letzten Monate ihres Lebens werden die Austern hier auf der windigen und nahrhafteren Seite der Halbinsel Cotentin gehalten, an deren Spitze Cherbourg liegt. Diese letzten Monate im sturmumtosten Meer sollen sie besonders kräftig und rein machen. Für junge Austern wäre der Seegang zu stark und das Gelände zu kostbar.

Auch drüben auf der anderen Seite des Kanals, in England, wird die Austernzucht noch hochgehalten. Ich fahre weiter nach Whitstable an der Themsemündung. Von hier ließen sich schon die Römer Austern in den Süden bringen. Es gibt Berichte aus dem Jahr 78, denen zufolge die Austern in gekühlten Kisten von Affen über die Alpen getragen wurden. Heute findet hier jährlich ein Austernfestival samt Wettessen statt. Die ganze Stadt gründet sich auf dem Austernanbau.

An den Ständen des örtlichen Austernzüchters werden neben den gezüchteten Tieren auch sogenannte ›wilde‹ Austern

Straßenkultur und gesellschaftliches Ereignis zugleich: The First Day of Oysters, *um 1860.*

verkauft, die ungeahnte Ausmaße erreichen können und die die Fischer wie früher auf den Sandbänken einsammeln. Die größte Auster meines Lebens, obendrein eine ›wilde‹ Auster, erwerbe ich dort am Strand und schlinge sie mühevoll hinunter. Mein Exemplar war nach Schätzung des Händlers circa neun Jahre alt. Allein der Körper in der Schale war etwa so groß wie meine Handfläche. Das Mahl, das viel professionelle Überwindungskraft erforderte, geschah mehr zu Recherchezwecken denn aus Genusssucht. Es war fast unmöglich, das schnitzelgroße rohe Tier auf einmal in den Mund zu bekommen und hinunterzuschlucken. Ich muss gestehen: Der Würgereiz war größer als der Genuss. Etwas zäh war das einmalige Geschöpf obendrein.

Dafür bin ich bei all meinen Versuchen, irgendwo auf der Welt eine nicht rohe, sondern gut zubereitete Auster zu finden, gleich in der Nähe fündig geworden. »Most oyster cookery is misguided«, riet mir mein Reiseführer Rowan Jacobsen in seinem *A Geography of Oysters*: »Why take a delicate, fleeting flavor and disrupt it with heat?« Warum einen einzigartigen Geschmack durch Hitze zerstören? Doch ausgerechnet hier in England, im nahe gelegenen ›Sportsman‹, einem hochgelobten, aber bodenständigen Sternerestaurant, wurden mir gleich drei gut zubereitete Austern serviert. Dort wagt es der Koch, Stephen Harris, den lokalen Austern etwas Eigenes hinzuzufügen. Dabei standen die Tiere als ein Albtraum am Beginn seiner Laufbahn als Koch. Bevor Harris in Seasalter sein pubähnliches Restaurant eröffnete, das bald als das beste Englands galt, erwachte der kulinarische Autodidakt immer wieder aus einem Traum, der von einem Haufen zerbrochener Messer und ebenfalls zerbrochener Austernschalen handelte. Seine Angst bestand darin, kein Restaurant führen zu können, ohne fähig zu sein, eine Auster zu öffnen: »How could I hope to open a restaurant when I couldn't open an oyster?« Diese kulinarische Urangst mag seine proletarische Grundaggression beim Herangehen an das Zubereitungsproblem der Auster erklären. Seine pochierten Austern mit Beurre blanc, eingelegter Gurke und Avruga-Kaviar sind das vielleicht einzige Gericht, dem ich zugestehen würde, als Delikatesse an den Geschmack einer frischen Auster auch nur entfernt heranzukommen. Stephen Harris verrät sein Rezept gern: Er nimmt eine Essiggurke, macht aus einer Schalotte, etwas Weißwein, Cidre-Essig, Butter und Sahne eine weiße Sauce, pochiert die Auster im eigenen Wasser und gibt zum Schluss Avruga-Kaviar hinzu. Das klingt toll, allerdings ist Avruga-Kaviar nur ein billiger Ersatzstoff, besteht zu vierzig Prozent aus Hering und enthält zudem Stärke und Zitronensäure. Das Gericht ist ein wohlschmeckendes Aufbegehren gegen die Haute Cuisine, die es noch zu besuchen galt.

Ich hatte für meine weltweite Suche nach der perfekten Auster natürlich vorab recherchiert: Der führende deutsche Restaurantkritiker Jürgen Dollase berichtet davon, dass ihm ein bretonischer Fischspezialist einmal erläutert habe, der Geschmack der Austern käme am besten bei menschlicher Körpertemperatur zur Entfaltung. Jürgen Dollase führte daraufhin ein, wie er es nennt, sensorisches Experiment durch, das nicht von Erfolg gekrönt war. Er erhitzte seine Austern vor dem Verzehr vorsichtig auf Körpertemperatur: »Die Austern entwickelten bei dieser Temperatur ein so fremdartiges, fast unangenehm dichtes bis penetrantes Aroma, dass es wirklich kein Vergnügen war«, berichtet er. Die Kälte, »Frische« der Auster gehört also wie bei ihren Begleitgetränken, dunkles Bier, Champagner oder weißer Wein, zum Geschmack. Obendrein verhindert die Kälte die erste, negative Geruchswahrnehmung. Erst im zeitlichen Verlauf, bei der langsamen Erwärmung des Getiers im Mund durch das Kauen und den Speichel sollen

Edward Dando, genannt ›The Oyster Eater‹, kam ins Gefängnis, weil er am Tresen immer Austern aß, ohne sie bezahlen zu können, und verstarb ebendort 1832 – an einer Auster.

sich jene Aromastoffe entfalten, die für sich genommen eher abstoßend wirken würden. Jürgen Dollase fasst in seinem Kochexperimentierbuch *Himmel und Erde* zusammen: »Bei der erwärmten Auster fehlt dieser Aufbau des Aromas von der Temperaturwahrnehmung her, dieses langsame Aufblenden der vielen aromatischen Bestandteile.«

Weil sie gekühlt am besten schmecken, macht die große Sterne-Küche, die immer ihre handwerkliche Genialität beweisen will, um Austern gern einen großen Bogen. Austern bekommt man zwar in guten Restaurants für teures Geld, aber in der High-End-Küche der Sterne-Generäle spielt sie kaum eine

Rolle. Denn jede Hinzufügung jenseits eines Spritzers Zitrone oder der klassischen Sauce Mignonette aus Schalotten, Essig und Pfeffer, die von den meisten Austernessern trotzdem verschmäht wird, nimmt den Austern eher etwas, als sie zu verfeinern. In ihrer rohen Form, in der bereits Verpackung, Teller und Löffel in Form der Schale gleich mitgeliefert werden und der Stehtisch der Speisesaal ist, ähnelt sie – auch historisch – eher dem idealen Fast Food als einer Krone der Kochkunst. Dabei gab es früher tatsächlich Kochbücher mit nichts als Austernrezepten. Sie haben heutzutage etwas Skurriles. Es finden sich in ihnen heute völlig undenkbare Rezepte. Der Autor der *Drei Musketiere* etwa, Alexandre Dumas, betrachtete sein *Großes Wörterbuch der Kochkunst* als sein eigentliches Hauptwerk. Er schlägt darin vor, den von ihm ungeliebten Kabeljau dadurch genießbar zu machen, dass man ihn mit sechs Dutzend blanchierten Austern paniert. Der Berliner Zoologe Rudolf Kilias berichtet hingegen noch im 20. Jahrhundert im Anhang eines Bandes mit dem einschlägigen Titel *Die Austern* über daraus zubereitete Würste: Dafür solle man das Fleisch einer Hammellende hacken und würzen, fünfzig Austern dazugeben, etwas Baguette, vier Eigelb und eine kleine Zwiebel hinzufügen, sowie etwas Talg und eine Zitronenscheibe. »Wenn man die Würste nicht gleich zubereiten will«, so kann man sie bedecken, »sie werden sich eine Zeitlang halten«. Nachahmung nicht empfohlen.

Trotzdem war ich gespannt, wie der bekannteste Koch der Welt, der Streiter für die pure, ultralokale Zutat, der Däne René Redzepi, in Kopenhagen in seinem Restaurant NOMA mit einer Auster, die bei ihm natürlich aus dänischen Gewässern stammt, umgehen würde. Redzepi predigt die kulinarische Einheit mit der Natur. Das Rezept für sein *signature dish* ›Steamed Oyster‹ hat er als Film im Netz veröffentlicht. Er sammelt dazu an der Küste des Meeres, aus dem seine Austern stammen, einige Kräuter, die er ›beach onions‹ nennt. Die geöffnete Auster würzt er mit etwas Meerrettich, Kapern vom Holunder und verziert sie mit Blüten vom Meer. Dann dämpft er die wieder mit dem eigenen Deckel verschlossene Auster vier Minuten in einem kleinen verschlossenen Topf mit ebenfalls am Meer gesammelten Steinen und Meerwasser und serviert diesen Topf sofort seinen Gästen.

So weit die Theorie: Als ich es geschafft hatte, auf der Suche nach der perfekten Auster einen Platz im NOMA zu bekommen, hatte Redzepi von dieser Zubereitungsart im Praxistest offenbar längst wieder Abstand genommen und zur Urform des Gerichtes zurückgefunden. Er servierte die Auster so roh, wie sie die Natur geschaffen hatte, nur mit etwas Pfeffer, Kräutern und einer Blüte darauf. Dazu gab es – um doch noch eine Spur des genialischen Chefs zu hinterlassen – statt der verpönten italienischen Zitrone den Saft einer halbreifen, sauren Dänemark-Tomate. Es war die Kapitulation eines Starkochs vor seiner Zutat. Und es war köstlich.

Die Reise geht weiter: Aus dem fundamentalistisch-protestantischen Kopenhagen ins sinnenfroh-katholische Italien. In Modena macht der Italiener Massimo Bottura in seiner Osteria Francescana René Redzepi hin und wieder den Titel ›Bester Koch der Welt‹ streitig. Wenn Bottura in seinem Restaurant eine Auster serviert, dann ist das keine Auster, sondern nur mehr deren Widerschein. Es ist die Erinnerung an das kreatürliche Urerlebnis, das OCE: eine Erinnerung an die erste von ihm in der Normandie gegessene Auster. Botturas *signature dish* ›Memory of Normandy‹ versucht das perfekte Abbild einer Auster zu schaffen, ohne das Fleisch einer Auster zu verwenden. Dafür präsentiert Bottura in einer originalen Austernschale etwas gehacktes und in Salz eingelegtes rohes Lammfleisch, das mit gepresster Pfefferminze aufgefrischt und eingefärbt wird. Dies liegt in einer Creme aus Austernwasser und einem Cidre-Sorbet, das mit einigen Seealgen verziert wird und die dunklen Innereien der Auster simuliert. Diese Speise ist eher gekochte Philosophie oder essbare Menschheitsgeschichte denn ein Gericht – obwohl es fantastisch gut schmeckt: Massimo Bottura dockt damit an die Urerfahrung der Menschheit an. Er weiß, wann er zum ersten Mal eine Auster bewusst gegessen hat: »I'd never really tasted an oyster until I tasted one in Normandy«, gesteht er in seinem autobiografischen Kochbuch *Never Trust a Skinny Italian Chef*. Für ihn ist diese Erinnerung allerdings keine persönliche, sondern geradezu eine des ganzen Menschengeschlechtes: »My memory of Normandy began well before reaching its shores; it was tangled in the collective references to history …«

Massimo Bottura versucht, mit muschelfremden Ingredienzen den Geschmack einer Auster zu rekonstruieren, ohne seinen Gästen das kannibalisch glibberige, das Rohe der Auster zu servieren. Botturas ›Memory of Normandy‹ ist die Apotheose der Kochkultur, ein Emanzipationsprozess: Der selbstbewusste Abschied der Menschheit vom dunklen Zeitalter des Verzehrs lebendiger Tiere. An die Stelle des barbarischen Aktes, in dem ein hoch entwickeltes Lebewesen ein niederes lebendig mit einem Biss verschlingt, tritt ein kompliziertes Verfahren der sensorischen Mimese. Bottura versucht, eine Auster zu genießen, ohne den brutalen Tötungsakt an ihr vollziehen zu müssen. Er versucht durch seinen Akt des Kochens, den Menschen von seinen tierischen Wurzeln zu befreien. Sein Gericht ist ganz Gedanke. Bottura ist ein Künstler und der Pygmalion der Austernköche. Ein Koch fordert die Welt heraus, um das perfekte Gericht neu zu erschaffen. Gottgleich will der beste Koch der Welt beweisen, dass er mit der Natur mithalten kann, dass er das perfekte Gericht erschaffen kann, als ob es nicht schon auf dem Meeresgrund herumläge. »In our 2011 recipe we wanted to invent the world without inventing anything at all«, erzählt Bottura zu seinem Gericht. So rekonstruiert er zum Ende der Menscheitsgeschichte, wie wir sie bisher kennen, das erste Gericht der Menschheit. »Without being an Oyster«, erklärte mir Bottura stolz und mit seinem schelmischen Lachen, als er sie mir servierte.

Der Unterschied zwischen einer rohen Auster und Botturas sophistischem Nicht-Auster-Austerngericht ist mehr als ein gekochter Witz. Er entspricht exakt dem vom Anthropologen Claude Lévi-Strauss entwickelten Unterschied zwischen einer ›kalten‹, vormals primitiv genannten Kultur und einer ›heißen‹, entwickelten Kultur. Lévi-Strauss' These in seinem Grundlagenwerk *Das Rohe und das Gekochte* lautet: ›Kalte‹, konservative Kulturen erfinden komplizierte Strukturen, um sich nicht ändern zu müssen, sie essen die Auster also am liebsten roh, während ›heiße‹, kreative Kulturen sich fortwährend neu erfinden. Massimo Bottura, der lustige, kunstbegeisterte Italiener, repräsentiert dabei eindeutig Letztere. Um eine ›kal-

California dreaming! – Laut dem amerikanischen Austernpapst Rowan Jacobsen, California's dean of oyster operations*: Austern aus der kalifornischen Tomales Bay.*

te‹ Kultur beim Austernessen zu beobachten, lohnt es sich, aus dem heißen Italien über den Atlantik nach Amerika zu fahren, wo die Austernwelt eine andere ist.

Zuvor aber geht es noch kurz zu den Fischern in Apulien, wo es einiges zur Dialektik des Wertes der Heimat und des Fremden zu lernen gibt. Hier im Süden Italiens gibt es tatsächlich noch wilde Austern, die von Tauchern gesammelt werden. Es gibt auch eine kleine Anzahl von neuen Austernzüchtern, die

Moderne Kökkenmöddinger: Zwei New Yorker Austernrestaurants unter der Brooklyn Bridge, aufgenommen von Berenice Abbott am 1. April 1937.

hier mit ihrer Arbeit begonnen haben und die wie in der Antike ziemlich teure Austern in die Restaurants Roms schicken. Und es gibt im Hafen von Bari fliegende Händler, die auf alten Blechkisten frische Muscheln, köstliche Seeigel und manchmal auch Austern verkaufen. Diese waren klein, unansehnlich und besaßen einen strengen Geschmack. Sie waren sichtlich nicht geklärt oder geputzt und – obwohl sie wahrscheinlich so frisch waren wie sonst selten etwas – nicht ganz ohne eine kleine Überwindung zu essen. Als ich den stolzen Händler mit den dreckigen Händen fragte, woher seine Austern kämen, behauptete er steif und fest und fälschlicherweise, das seien besonders gute, die kämen aus Frankreich. Für ihn waren die lokalen, selbst gesammelten Austern, die er mir gerade verkauft hatte, etwas Minderwertiges. Noch etwas weiter südlich, im von Touristen durchkämmten Hafen der barocken Halbinsel von Gallipoli ganz unten am Stiefelabsatz von Italien, gibt es vornehmere Fischhändler, die Urlaubern frisches Meeresgetier zu einem Glas Weißwein verkaufen. Verlangt man dort, beim touristengestählten Händler, ein halbes Dutzend Austern, bekommt man wunderschön geformte, geklärte Vorzeigeaustern. Wenn man ihn lobend fragt, woher diese denn kämen, erklärt er stolz und ebenso fälschlicherweise, dass dies lokale Austern seien, ja, hier aus Apulien, da würden sie im Meer wachsen. Der geübte Blick erhaschte auch nebendran das kleine weiße Etikett in dem gelben Plastiknetz, auf dem – wie es sich in der EU gehört – das Verpackungsdatum und die französische Herkunft dieser Austern verzeichnet waren. Selten habe ich die Dialektik von Ferne und Heimat, die der Reisende durchkreuzt, deutlicher vor Augen geführt bekommen. An beiden Ständen, in Bari und Gallipoli, wurde ich vom Händler hinters Licht geführt: Der Profi wusste, dass Touristen das Authentische wollen, und jubelte ihnen das Industrieprodukt unter. Der Amateur in Bari schämte sich für seine selbst gefischte, vermeintlich mindere Ware und wollte sie als Industrieprodukt adeln. Touristen wollen das Besondere und bekommen das Alltägliche, während die Einheimischen sich in die vermeintlich bessere Fremde träumen oder gleich die *Ostriche Rosse* verspeisen, eine lokale Austernspezialität. Hier im südlichen Mittelmeer wächst nämlich auch eine tiefrote Verwandte der Austern, *Imperial Oyster* genannt, eine seltene Stachelauster (*Spondylus gaederopus*), die von den Fischern einzeln und mühevoll aus mindestens zehn Metern Tiefe heraufgetaucht wird. Die tiefrote Farbe ihres Fleisches erhält sie von einem Schwamm, der auf ihrer stacheligen Schale sitzt.

Keinen Mangel an unterschiedlichen Austernarten gibt es auf der anderen Seite des Atlantiks, in Nordamerika, dem Land der unbegrenzten Austernarten. Ein Land, das den Austern ziemlich viel verdankt. Als älteste Kneipe des Landes gilt das Union Oyster House in Boston, gegründet 1826 und damit so alt, dass es in die Liste der historischen Wahrzeichen der USA aufgenommen wurde. Etwas jünger, aber genauso ehrwürdig ist die 1913 eröffnete Austernbar Grand Central Terminal im gewölbten Keller des Hauptbahnhofes von New York City, einer Stadt, die umgeben ist von Bergen von Austernschalen, die die Ureinwohner hier verzehrten. Im 19. Jahrhundert wurden in der Stadt, die niemals schläft, täglich eine Million Tiere verspeist. Im Keller des heute noblen Bahnhofsrestaurants werden so wie früher auf rot karierten Tischdecken wechselnde Austernsorten von beiden Küsten angeboten.

Für jeden, der mangels Gelegenheit in Europa nur gelernt hat, zwischen flachen *Belons* und *Fines de Claire* zu unterscheiden, ist das amerikanische Angebot an Austernsorten verwirrend. Sie sehen nicht nur unterschiedlich aus, sondern schmecken – wie Weinsorten – nach dem nautischen Terroir, dem sie entstammen. In Amerika gibt es opulente Bildbände über die verschiedenen Austernarten, die mit ihren fantastischen Namen denen europäischer Weinsorten in nichts nachstehen:

Your order of OYSTERS A LA ROCKEFELLER Since 1889 when this dish was concocted by Jules Alciatore at The Restaurant ANTOINE is number: 1262315

The Restaurant ANTOINE

Founded in 1840

713 St. Louis St.

City of New Orleans

Present Proprietor Roy L. Alciatore, Son of Jules and Grandson of Antoine Alciatore, is sampling the millionth order. *The recipe is a sacred family secret.*

COPYRIGHT 1938, BY ROY LOUIS ALCIATORE

Die Speise als Kunstwerk: eine nummerierte, aber unsignierte Quittung für Oysters à la Rockefeller im Antoine in New Orleans.

Es gibt *Kumamoto, Nonesuch, 13 Mile, Fat Bastard, Resignation Reef, Baywater Sweet, Hama Hama,* und noch gut dreihundert weitere. Nur eine französische *Belon* oder eine banale *Gigas* aus Europa wird man im ganzen Land nicht finden. Der Import lebender Tiere in die USA ist verboten.

Hier in der Austernbar vom Grand Central Terminal gibt es die Tiere auf alle möglichen Fast-Food-Arten zubereitet: roh, frittiert, gekocht, mit Sardellenbutter oder als ›Oysters Rockefeller‹, dem einzig klassisch zu nennenden Austernrezept, das allerdings so geheim ist wie das von Coca-Cola oder Averna. Um sie im Original zu essen, hätten wir weiter nach New Orleans reisen müssen. Niemand außer dem Chefkoch des Antoine's, wo das Rezept 1889 von Jules Alciatore erfunden wurde, kennt das richtige Rezept.

Die Sage erzählt, dass Jules aus herumliegenden Gewürzen ein Gericht mit überbackenen Austern kreiert hat, das er – weil es so unermesslich reich an Geschmack war – nach dem damals wohlhabendsten Menschen des Planeten benannte: Oysters Rockefeller. Das Originalrezept hat die Küche dieses Restaurants nie verlassen. Es gehört zu den am besten gehüteten kulinarischen Geheimnissen des Planeten. Der Inhaber des Antoine's behauptet, alle Rezepte, die man in Kochbüchern findet, seien Fälschungen. Jedes dort servierte Gericht wird wie cin orginales Kunstwerk durchnummeriert, der Gast erhält einen Beleg.

Die Reise durch Amerika vom Atlantik zum Pazifik ist – laut Rowan Jacobsen, dessen Standardwerk *The Geography of Oysters* ich hier vertraue – die Reise vom Riesling (einfach, aber gut ausgebaut von einer unübertroffenen Mineralität) zum Sauvignon Blanc (fruchtiger, aromatischer und geschmacklich weniger festgelegt). Nach einem Zwischenstopp in der Tomales Bay nördlich von San Francisco, wo es außer zwei Austernständen nichts gibt, nicht einmal einen Platz, an dem man sie verzehren darf, endet die Reise in einem der größten Heiligtümer des Austerngenusses: In San Francisco, 1517 Polk Street, befindet sich eine kleine Bar, die den unscheinbaren Namen Swan Oyster Depot trägt. Seit 1912 öffnet sie an diesem Ort ihre Tür für Gäste und besteht aus nichts anderem als einem langen Marmortresen, an dem exakt achtzehn Barhocker Platz haben, die während der geringen, nachmittäglichen Öffnungszeiten stets von exakt achtzehn Menschen besetzt sind, die Teller mit Austern und anderen Meeresfrüchten vor sich stehen haben. Das Swan Oyster Depot ist weltweit der beste Ort, um Austern zu

Unverändert seit 1912: das Hochamt der Schalentiere, Swan Oyster Depot in San Francisco.

essen. Es ist die aufs Skelett reduzierte Form eines Restaurants: Weil man nicht vorbestellen kann, bildet sich, lange bevor das Depot um 10 Uhr 30 öffnet, eine Schlange vor der Tür den Nob-Hill hinauf. Während wir über eine Stunde darauf warten, endlich auf einem der Barhocker Platz nehmen zu können, haben wir schon das eine oder andere Bier herausgereicht bekommen. Lange genug kann man durch die Glasscheibe, auf der wie im Saloon mit silbernen Lettern schwungvoll Swan Oyster Depot geschrieben steht, in der Auslage die frischen Seetiere begutachten, die drinnen serviert werden.

Eine Speisekarte gibt es nicht. Die Gerichte sind wie auf einem Dreiseitaltar über dem Tresen angeschrieben und wurden die letzten fünfunddreißig Jahre nicht verändert. Alles in dieser Bar ist auf das Notwendige reduziert. Das Angebot ist dafür, dass wir hier in einem der kultisch verehrten Austern-

Tempel der Welt sitzen, recht übersichtlich. Angeboten werden drei bis vier Sorten: Meist die in Amerika notorischen *Blue Point* (von Long Island, Ostküste), dann *Miyagi* (ähnlich den europäischen Gigas) und die kleinen *Kumamoto* (Kalifornien). Mehr nicht. Der aufmerksame Bartender weiß, in welcher Reihenfolge man die Tiere essen soll, und ordnet sie dementsprechend im Uhrzeigersinn auf dem Teller an. Nichts hier im Swan Oyster Depot ist exquisit. Hier sind die Austern ganz bei sich. Es gibt keine besonderen Zutaten, keine besonderen Austern, etwas abgeschabte Teller und einen regelrechten Kult um das authentisch Rückständige des Ladens. Ein handgeschriebenes Schild, das unter der Decke hängt, warnt: *Attention, Swan Oyster Depot does NOT* (das Wort zweifach unterstrichen) *have a Website!!* (zwei Ausrufezeichen) *We Only deal person to person!!!* (drei Ausrufzeichen) *NO WEBSITE!!* (unterstrichen, zwei Ausrufezeichen). Das ist die Bar gewordene Auster: Unzugänglich, aber köstlich. Nichts ist hier besser oder richtiger zubereitet als anderswo, oder überhaupt zubereitet. Alles hier ist selbstverständlich und pur. Wenn ich eine Auster wäre, würde ich gerne hier serviert werden.

Führe man von hier aus über den Pazifik weiter nach Asien, wo achtzig Prozent der weltweiten Austern produziert werden, könnten wir gänzlich an unserer europäischen Austern-Vornehmheit verzweifeln. Denn dort sind die Tiere gern schnitzelgroß, werden auch wie solche frittiert und mit Messer, Gabel und Krautsalat als ›Kaki Fry‹ serviert. Sie sind von nautischer Eigenart befreite Nahrung. Wer es lieber etwas ursprünglicher und weniger industriell mag, dem empfiehlt es sich, auf dem Rückweg einen Abstecher in die Karibik zu machen, wo, beispielsweise am Strand von Cartagena in Kolumbien, die Tiere bei über vierzig Grad im Schatten, nur notdürftig geputzt, dafür in allen Größen, absolut eisfrei und von nichts als einer Plastikkiste vor der Hitze gänzlich ungeschützt, aber definitiv fangfrisch von fliegenden Händlern am Strand angeboten werden. Definitiv ein Erlebnis, wenn auch nur begrenzt eine Empfehlung.

Wem das zu fremd klingt oder wem Kolumbien zu weit entfernt und der Verzehr fangfrischer Austern am Strand zu gefährlich erscheint, dem bleibt nur der weltweite Versand der Tiere in Tablettenform. Ein französisches Start-up namens P.O.P. (Pure Oyster flesh Power) packt pulverisierte Austernessenz in Kapseln, um die positiven Effekte des Austerngenusses auch für jene Teile der Menschheit nutzbar zu machen, die sich weigern, die Tiere lebend zu zu verspeisen. Die Kapseln voller Austernstaub stärken – laut Packungsbeilage – unter anderem das Immunsystem, helfen beim Knochenaufbau, schützen das Nervensystem und wirken gegen Müdigkeit und Haarausfall.

Seit der Urzeit gilt für den Menschen: Gäbe es die Welt ohne Austern?
Oysters Fresh Everyday.

Fragmente zu einer Weltgeschichte der Auster

I sing the Oyster
(Virgin Theme!)
King of Molluscs! Ancient of the Stream!
Thy birth was Time's

WATSON GERARD, Ostrea; Or, The Loves of the Oysters (1857)

Wem gehört die Welt? Es gibt Argumente dafür, dass – entgegen dem biblischen Befehl Gottes an die Menschen, sich die Erde untertan zu machen – die tumben, unbeweglichen Austern und nicht der smarte, hyperbewegliche Mensch die wahren Herrscher über den Erdball sein könnten. Weltgeschichtlich betrachtet sind wir lesebegabte Wesen nur evolutionäre Emporkömmlinge, Parvenüs ohne eigene Tradition. Wir können über Austern klug daherreden, aber sie haben alte Rechte auf diesem Erdball. Lange bevor es Menschen gab, gab es schon die Dinosaurier, und lang bevor diese wieder ausstarben, gab es bereits Austern. Die Meerestiere haben Dinosaurier, Kometeneinschläge, Eiszeiten und jede Erderwärmung überlebt. Sie haben mit Sicherheit die ersten Menschen ernährt. Nur den unersättlichen Menschen selbst hätten sie fast nicht überlebt. Gesetzt den nicht ganz unwahrscheinlichen Fall, dass der Mensch in absehbarer Zeit ausstirbt oder die Lebensbedingungen auf dem Planeten, den er eigenhändig verwüstet hat, nicht mehr aushält: Die Chancen stehen gut, dass die Auster den Sündenfall der Menschheit, ihre Selbstzerstörung durch Umweltzerstörung überdauert.

Die zur Weltgeschichte der Auster gehörigen Zahlen sind buchstäblich unfassbar. Bereits in der Trias, einer unvordenklichen Erdzeit, die vor ziemlich genau 251,9 Millionen Jahren beginnt, gibt es überall auf der Welt Austern. Sie tragen als Oberbegriff den wissenschaftlichen Namen Gryphaea und werden heute noch in Feldern und hoch im Gebirge gefunden, sogar in den Bayerischen Alpen, oben im Karwendel, wo ich eine Versteinerung in einer Hütte ausgestellt fand. Die Austern sind nämlich sogar älter als die Gebirge. Damals, in der Trias, war die Welt noch in einem einzigen Superkontinent namens Pangaea vereint. Erst danach entstanden Meere und Berge, und die Austern haben das, wenn schon nicht mit ihren Augen gesehen, so doch erlebt.

Neueste Forschungen, enthalten in dem wunderbaren *Journal of Molluscan Studies*, legen dar, dass die Austern kurz nach der ersten großen Extinktion fast alles Lebens am Ende des Perm, also etwa vor einer Viertelmilliarde Jahren, aus dem übrigen Urschlamm entstanden sind. Anders als viele ihrer Zeitgenossen, etwa der schweineähnliche, schwertzahntragende frühe Lystrosaurus, haben sie – so lese ich staunend – das nächste große Artensterben im Übergang zur Jura-Periode, dem vor etwa 200 Millionen Jahren erneut die Mehrzahl aller damals existierenden Lebewesen zum Opfer fiel, ganz gut überlebt. Die nächste große Katastrophe, die trotz ihres spektakulären Hergangs nicht von Hollywood erfunden wurde, sondern wirklich stattgefunden hat, ereilte die Erde am Ende der Kreidezeit, als vor 66,04 Millionen Jahren. Der fünfzehn

Kurz vor der Weltherrschaft: Eine urtümliche Auster, Umbrostrea emamii HAUTMANN, *die man sogar in den Bayerischen Alpen finden kann.*

Kilometer große Chicxulub-Asteroid schlug bei der Halbinsel Yucatán auf der Erde ein. Durch die Folgen des gigantischen Einschlages samt Erdbeben, Flutwellen, Dunkelheit und Eiszeit wurde fast alles Leben auf der Erde vernichtet. Natürlich haben – ich staune – die Austern auch diese Apokalypse unbeschadet überstanden. Austern, die scheinbar so empfindlichen Tiere, sind offenbar eines der widerstandsfähigsten Lebewesen des Planeten Erde.

Ich Mensch, du Auster: George Frederick Watts, Tasting the first Oyster, *1803.*

Zugegeben: Niemand kann sich wirklich 251,9 Millionen Jahre vorstellen. Ich hatte allerdings ein Erweckungserlebnis, das mir die terrestrische Allgegenwart dieses Weichtieres buchstäblich vor Augen führte. Die Epiphanie traf mich eines schönen sommerlichen Tages in England. Eine Volte des Schicksals hatte mich ins Universitätsstädtchen Cambridge verschlagen, wo ich etwas gelangweilt das ehrwürdige Sedgwick Museum of Earth Sciences besuchte. Ich war dorthin gepilgert, um einen Blick auf die *Beagle*-Collection zu werfen, die Sammlung von Steinen und Fossilien, die Charles Darwin von seiner Expedition auf dem namensgebenden Schiff mitgebracht hatte. Doch der Sammlung war nur ein kleines Kabinett gewidmet. Etwas enttäuscht streifte ich uninteressiert durch endlose Reihen von

Vitrinen, in denen Tausende von Fossilien in kleinen vergilbten, handschriftlich bezeichneten Pappschachteln ausgestellt waren. Als ich eine versteinerte Auster (*Ostrea*) entdeckte, die im Kalk von Norwich gefunden worden war, freute ich mich zunächst wie ein junger Forscher. Aber zu meiner Verblüffung fand ich danach in jeder der Vitrinen, die immer weiter in die Erdzeit zurückführten, Dutzende versteinerter Austern. Unter den komischen Relikten von ausgestorbenen Trilobiten und frühen Schwämmen waren sie die einzige Lebensform, die aus der Urzeit bis heute einfach immer weiter fortgelebt hatte, als hätte es dazwischen keine Katastrophen kosmischer Ausmaße gegeben.

Bis heute werden auf Äckern überall auf der Welt sogenannte ›Fußnägel des Teufels‹ gefunden. Das sind urzeitliche Austern, die an der Unterseite stark gewölbt sind und in der Jura-Periode vor 200 Millionen Jahren weltweit so verbreitet waren, dass sie als wissenschaftliche Leitfossilien ausgewählt wurden.

Als viele, viele Millionen Jahre später, vor zwölftausend Jahren – *Der Mensch erscheint im Holozän*, wie ein Buch von Max Frisch titelt –, unsere Spezies die Oberfläche des Planeten sich untertan machte, waren die Austern bereits erfahrene Erdbewohner. Vielleicht wäre der Mensch ohne Auster gar nicht zu dem geworden, was er ist? Wir haben uns der Tiere jedenfalls von Anfang an bedient. Wo immer der frühe Homo sapiens sich angesiedelt hat und vom Jäger zum Sammler wurde, sammelte und verspeiste er auch Austern. Fast scheint es, als ob die Sesshaftwerdung des Menschen mit den Schalentieren zusammenhängt. Noch die ältesten menschenähnlichen Funde von Schädelknochen in Äthiopien, die beiden Herren

Omo 1 und Omo 2, die vor über 100 000 – manche Forschungen sprechen sogar von fast 200 000 – Jahren lebten, wurden mithilfe der Austernschalen datiert, die in ihrer Nähe lagen. Alle megalithischen Kulturen finden sich an Plätzen, an denen es auch Austern gab. Zu den ältesten Spuren menschlichen Lebens, die die Archäologie auf unserem Erdball nachweisen kann, gehören nicht Bauwerke oder Werkzeuge, sondern die ›Kökkenmöddinger‹, übersetzt Küchenabfallhaufen. Sie sind eigentlich prähistorische Mülldeponien und bestehen fast ausschließlich aus gewaltigen Muschelhaufen. Man findet sie in Skandinavien ebenso wie in Mexiko, an der Beringstraße oder in Kalifornien. Im Hudson River bei New York City liegen gigantische Haufen, die zehntausend Jahre alt sind und immer wieder bei Bauarbeiten entdeckt werden. Die ersten Zeugnisse eines massenhaften Austernverzehrs finden sich in Südafrika in der Mossel Bay am Pinnacle Point. 1997 hat man dort beim Bau eines Golfplatzes Muschelhaufen entdeckt, in denen sich auch Reste von Farben und Werkzeug und somit die ersten menschlichen Zeugnisse fanden. Sie werden, so wie das in der unchristlichen Archäologie üblich ist, auf das Jahr 164 000 BP (Before Present) datiert.

Seit 2007 ist dort eine der größten prähistorischen Ausgrabungsstellen entstanden. Es gibt Stimmen, die behaupten, dass der Homo sapiens sich von diesem Austernverzehrplatz, an dem sich Reste von Feuer fanden, über die ganze Welt verbreitet haben könnte. In Ermangelung von Austernmessern diente das Feuer offenbar, wie heute im Restaurant von René Redzepi, dazu, die Austern zu öffnen. Austernsammeln war einfacher als die Jagd und anders als das Beerensammeln das

Ausgrabung eines Kökkenmöddingers auf Elizabeth Island an der Magellanstraße (1888).

ganze Jahr über möglich. Der in den Austern enthaltene Mix aus viel Eiweiß, wenig Kohlehydraten, wichtigen Mineralstoffen und zahlreichen Vitaminen könnte einen Urmenschen auch ohne Jagd, Beerensammeln oder Ackerbau ernährt haben. Der Praxistest, ob man sich allein von Austern ernähren könnte, ist allerdings meines Wissens in jüngerer Vergangenheit noch nicht erbracht worden.

Gelernt hat der Mensch seitdem offenbar wenig: Die Kökkenmöddinger belegen, dass schon der prähistorische Mensch nicht unbedingt nachhaltig gelebt hat. Zuunterst finden sich in den Küchenabfallhaufen stets die größten Muscheln, während die Reste in den oberen Schichten immer kleiner werden. Bis die Austern, die langsamer wachsen als der menschliche Appetit, alle aufgegessen und an dieser Stelle ausgerottet waren.

Das war im Holozän nicht viel anders als zehntausend Jahre später bei Amerikanern und Franzosen, die im 19. Jahrhundert die Bestände weltweit dezimierten, weil sie massenweise zur Volksernährung als Street-Food verkauft wurden.

Fest steht, dass die Austern bereits mehr als 250 Millionen Jahre lang die größten Krisen des Planeten, Meteoriteneinschläge, Eiszeiten und den Untergang ganzer Kontinente überlebt haben. Hingegen ist es überaus fraglich, ob das nur gut 0,01 Millionen Jahre alte Menschengeschlecht auch nur die nächsten paar hundert Jahre überlebt. Nach dem Besuch des Museums in Cambridge war mir klar, dass wir in Wahrheit auf einem Planeten der Austern leben. Weltgeschichtlich sind die Gene der Auster denen des Menschen weit überlegen. Und nach der These vom ›Egoistischen Gen‹, die der britische Biologe Richard Dawkins aufgestellt hat, sind die eigentlichen Subjekte der Evolution ja nicht die Individuen, sondern deren Gene. Die genetische Information will überleben und baut, um sich unsterblich zu machen, biologische Maschinen, also Lebewesen. Deren Fortpflanzung dient nur dazu, die Gene immer weiter am Leben zu erhalten. Individuen können sterben, existieren aber laut dieser gotteslästerlichen These ohnehin nur, um ihre in der DNA enthaltene Information möglichst oft zu reproduzieren. Um zu überleben, hat sich die DNA verschiedenste Träger gesucht: intelligente wie den Menschen oder kreatürliche wie die Auster. In dieser Perspektive ist der Mensch nicht die Krone der Schöpfung, sondern etwas, das im Sinne von Nietzsche erdgeschichtlich offenbar ›überwunden werden muss‹ … vielleicht von der Auster, die den Menschen nur zwischenzeitlich auf diesem Planeten bewirtet hat?

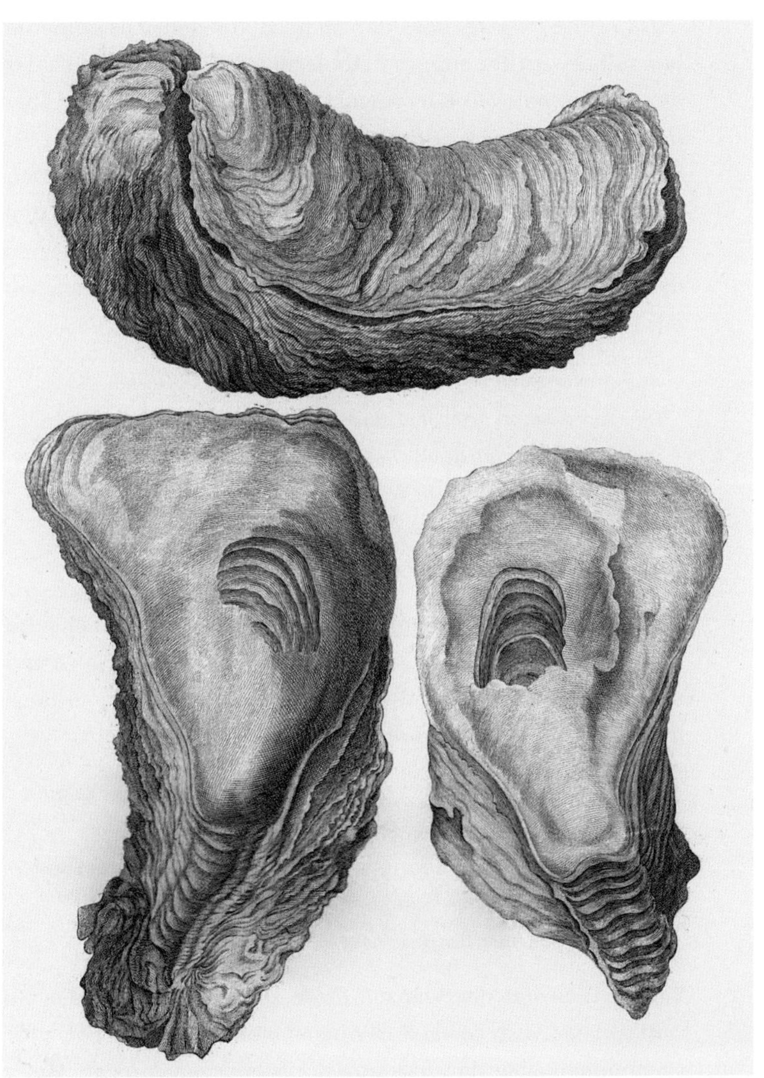

Urtiere der Zukunft: Naturhistorisch werden die Austern, die schon länger als der Mensch existieren, diesen womöglich auch überleben.

Da hilft es wenig, dass der Mensch aus dem Zusammenleben mit der Auster einiges hätte lernen können. Das Buch des deutschen Zoologen Karl August Möbius, das dieser 1877 über *Die Auster und die Austernwirtschaft* geschrieben hat, gilt als eines der frühesten Bücher gesamtheitlich ökologischen Denkens. In Anbetracht des Zusammenwirkens von Menschen und Austern entwickelte er anhand von Austernbänken den Begriff der ›Biozönose‹, einer Lehre der wechselseitigen Abhängigkeit der Lebewesen voneinander:

> *Jede Austernbank ist gewissermaßen eine Gemeinde lebender Wesen, eine Auswahl von Arten und eine Summe von Individuen, welche gerade auf dieser Stelle alle Bedingungen für ihre Entstehung und Erhaltung finden.* [...] *Die Wissenschaft besitzt noch kein Wort für eine solche Gemeinschaft von lebenden Wesen.* [...] *Ich nenne eine solche Gemeinschaft Biocoenosis oder Lebensgemeinde.*

Angesichts der Austernbänke und ihrer Interaktion mit menschlichem Handeln entwickelt der Zoologe Möbius dann Grundsätze des ökologischen Gleichgewichtes, die vorher so noch nicht gedacht worden waren:

> *Obgleich jede Art anders organisiert ist, in jeder also andere Kräfte zur Bildung und Erhaltung der Individuen zusammenwirken; obgleich daher jede Art ihr eigenes Aequivalent hat, so besitzen doch alle dieselbe Sättigungskraft für die Gesammtheit der äusseren Lebensbedingungen der Biocönose.*

Bekanntlich hat der Mensch diese Lektion, die ihm das Geschlecht der Austern via Karl August Möbius gegeben hat, zwar vernommen, aber daraus kaum Konsequenzen gezogen. Wenn die menschengemachte ökologische Katastrophe oder der nächste große Meteorit kommt, dürfte die Auster diese mit hoher Wahrscheinlichkeit, wie alle anderen Katastrophen vorher, überleben. Dann wird sie ihre größte Leistung vollbracht und sogar den alles vernichtenden Menschen überstanden haben. Er wird ihr Diener gewesen sein, den sie, qua Geschmack, dazu verleitet haben wird, die allergrößten Anstrengungen für ihren Fortbestand zu unternehmen.

Der Mensch ist der Hüter der Auster, ihr williger Sklave. Dass er glaubt, all die Anstrengungen zum eigenen Nutzen zu machen, könnte – mit Richard Dawkins gedacht – nur ein geschickter, evolutionärer Kniff der Austern-DNA sein, die genau weiß, dass sie einzelne Exemplare opfern muss, um als Gattung zu überleben. Jede Hauskatze weiß, wovon ich hier spreche. Die Auster könnte – das war meine Vision an diesem Sommernachmittag im Museum von Cambridge – der eigentliche Herrscher der Welt sein. Der ganze Erdball in der Hand eines Lebewesens, das eine Viertelmilliarde Jahre nicht mit Geist oder Schnelligkeit, nicht mit Vorstellungskraft oder Reaktionsfähigkeit, sondern allein durch Verharren und Genuss, durch seine passive, gute Verteidigung überlebt hat. Die Beziehung zum Menschen ist nur eine Episode, ein Wimpernschlag in ihrer Regentschaft. Hat das Manets Philosoph schon gewusst? Oder hat die Auster den Menschen gar erschaffen?

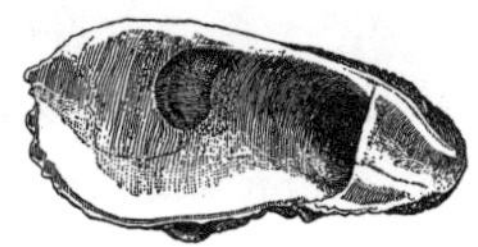

Noble Fresser: Jean-François de Troy, Die Austernmahlzeit, *1735. Gemälde für die ›niederen‹ Räume von Schloss Versailles, wo man die Austern offensichtlich auch vom Boden essen konnte.*

Kant isst eine Auster und trifft Evangeline

... und ich gebe zu bedenken, ob ein solcher Mensch (trotz allen Rühmens von angebornen Vorstellungen) in seiner Kenntniss und seinen geistigen Fähigkeiten über der Auster oder Meerschnecke stehen wird?

JOHN LOCKE, Versuch über den menschlichen Verstand

Über seine eigenen Ursprünge weiß der Mensch – trotz aller Wissenschaft – recht wenig. Er hat diese Leerstelle, seitdem er Mensch ist und reden kann, gern mit Geschichten gefüllt. Geschichten, in denen die Auster bisweilen eine zentrale Rolle spielt.

Als die Menschheit bei den alten Griechen das Denken begann, setzte sie der Sage nach die Auster an den Beginn des Lebens. Wie ich im Museum in Cambridge gesehen hatte, war das nicht ganz ungerechtfertigt: Am Anfang war der Schlamm und die Frage, ob die Henne oder das Ei zuerst daraus entsprang. Aristoteles hat diese Frage klar beantwortet, nicht Henne oder Ei, sondern die Auster war das erste Wesen. In seiner *Historia animalium* vermutet er, dass die Muscheln am Anfang der Geschichte spontan aus faulendem Schlamm entstanden seien. Aus diesen wiederum entstieg dann die Liebesgöttin Aphrodite.

Nur wenig später, im Römischen Reich, hatten die Austern den Kampf mit den Menschen um die Weltherrschaft fast verloren. Egal, ob man den Überlieferungen glauben mag, nach

Aus dem Urschlamm entsteht die Muschel, die die Schönheit gebiert: Wandmalerei in Pompeji, Geburt der Aphrodite als Anadyomene *(aus einer Auster).*

denen der Kaiser Vitellius bei einem Mahl eine vierstellige Anzahl Austern verspeist haben soll: Plinius der Ältere berichtet, wie Austern mit Gold aufgewogen wurden.

Mit dem Untergang des Römischen Reiches und seiner Kultur ging auch der Bedarf nach Austern zurück und die Bestände in den Meeren erholten sich wieder. Bald war die Muschel wieder allgegenwärtig. Erst die Renaissance belebte die Nachfrage neuerlich. Zunächst sah alles nach einer wunderbaren Koexistenz zwischen Auster und Mensch aus. Das Tier erhielt Zugang zu den höchsten Häusern, 1735 zog sie offiziell auf einem Gemälde, das ein adeliges Austerngelage zeigte, in die Männergesellschaft am Schloss des Sonnenkönigs von Versailles ein.

Von da an dauerte es nicht mehr lange, bis die stumme Muschel in der Aufklärung zum Objekt philosophischer Betrachtungen wurde. In ihrer Sinnen- und Bewegungslosigkeit wurde sie zu einem Extrempunkt des Denkens, zu einer festen Bezugsgröße, zu einem Skandalon des Lebens. Jean-Jacques Rousseau vermutete im ersten Band seiner Grundlagenschrift *Emile. Über die Erziehung*: »Für eine Auster muß das ganze Weltall nur ein Punkt sein, und es würde ihr auch nicht anders erscheinen, selbst wenn eine menschliche Seele sie unterrichtete.«

Nun ist ein philosophisches Problem definitiv kein Problem, das eine Auster hat: Sie kann keinen Kant lesen, aber Kant kann sie essen. Und der vernünftigste aller Philosophen, der Ostseeküstenbewohner Immanuel Kant, war ein großer Austernesser. Sie haben dem Philosophen anfangs nicht unbedingt geschmeckt, doch Gegenstand seiner Gedanken waren sie als etwas »Unvernünftiges« schon sehr früh. In seinen *Schriften zur physischen Geographie* erwähnt er sie noch in recht seltsamer Weise:

> *Die Austern sitzen öfters an einer Felsenbank so fest, daß sie scheinen mit derselben aus einem Stücke zu bestehen.* [...] *Sie kneipen, wenn sie sich schließen, mit ungemeiner Kraft, und pflanzen sich schnell fort.* [...] *Man sieht auch Austern, so zu sagen, an Bäumen wachsen. Diese hängen sich an einen Baum zur Zeit der Flut, wenn der Baum unter Wasser gesetzt ist, an die Äste an, und bleiben daran hängen.*

Hier – diesen Satz wollte ich schon immer einmal schreiben – ›irrt Kant‹. Die Falschinformation eines Schlaraffenlandes, wo Austern auf Bäumen wachsen, hatte der Philosoph von dem Falschfahrer Kolumbus übernommen, der aus den Mangrovensümpfen des für Indien gehaltenen Amerikas von solchen Gewächsen berichtet hatte. Amerika war der Kontinent der Austern. Auch die Expedition von John Smith, bekannt durch die von ihm selbst erzählten Geschichten über die Indigene Pocahontas, hatte im sagenhaften Austernland Amerika Exemplare gefunden, *»which lay on the ground as thick as stones«*.

Kant hat gern über Austern philosophiert. Für den vernünftigen Aufklärer ist der Verzehr der Meerestiere ein Beispiel für den ›Wahn‹, der das Menschengeschlecht in seiner geschmacklichen Verfeinerung erfassen kann. Eine übermäßige Verfeinerung der Geschmackssitten führt dialektisch dazu, dass der Mensch zu einer Delikatesse erhebt, was ihm auf den ersten Biss gar nicht schmeckt. Im Kapitel »Von der Ausbildung der Sinne« behauptet Kant in seiner Vorlesung zur »Menschenkunde« im Wintersemester 1781:

> *Es ist aber bei unsern Sinnen viel Wahn, vorzüglich in dem, was zum Angenehmen und Unangenehmen gehört; daß z. B. ein jeder Mensch sich zum Austernessen gewöhnen müsse, so daß er zuletzt einen Leckerbissen herausschmeckt, dies beruhe auf der Empfehlung. Und sie glauben, daß dies gut schmecke. Ueberhaupt ist eine Auster gesund; aber sie scheint im Anfange nicht gut zu schmecken, und der Wohlgeschmack findet sich erst nach langem Essen hinter her.*

Den Vernunftphilosophen Immanuel Kant hat dieser ›Wahn‹ allerdings selbst ergriffen. Ansonsten den Sinnenfreuden nicht unbedingt zugeneigt, hat er Austern genossen. Als Teilnehmer der noblen Tischgesellschaften der Gräfin von Keyserling in Königsberg hatte er oft genug Gelegenheit, solch Wandel der Sinne zu beobachten und Austern zu essen: »Vier

Gänge? Das ist genug. Aber Austern bitte«, steht als Antwort auf einer Einladung. Das Wohlgefallen an Austern erklärt sich Kant nicht als Affekt, sondern als Zeichen einer aufgeklärten Verfeinerung der menschlichen Sitten: »Das Wohlgefallen im Nachgeschmack ist das größte und beste unter allen: so liebt man einen alten Wein, die Austern, weil sie im Nachgeschmack gut sind«, verkündet er seinen Studenten in der Vorlesung im Wintersemester 1772 in Königsberg vom Katheter herab. Nur manchmal fragt sich der Asket Kant ganz theoretisch, ob diese indirekte Lust nicht auch dekadente Züge trage. Praktisch hat er, darin ein Pendant zu Casanova, Austern gemocht. Letzterer schlürfte sie am liebsten von der Zunge seiner Geliebten. Berühmt ist die Austern-Essszene, mit der der Lebemann die venezianische Nonne M. M. verführt hat.

> *Wir schlürften sie abwechselnd einander aus dem Munde, nachdem wir sie auf die Zunge gelegt hatten. ... Was für eine Austernsauce aus dem Mund des angebeteten Geschöpfes geschlürft, ist doch der Speichel. Es ist unmöglich, dass die Kraft der Liebe sich nicht versucht, wenn ich solche Auster zermalme, wenn ich sie verschlinge.*

Egal ob Libertinage oder idealistische Philosophie: Für den italienischen Geschmacks-Historiker Piero Camporesi ist die Auster ein *signature dish* der Aufklärung: »Austern und Trüffel gewannen an Einfluss und verbannten all die starken Speisen, die vorher typisch für die aristokratischen Tafeln waren.« Die Auster wurde bürgerlich: »Die berühmten schwarzen und blutigen Fleischgerichte mussten zu Kreuze kriechen vor dem weichen, blutleeren, gallertartigen und zellstoffartigen Fleisch der Austern.«

Götter, Damen, Austern, alle nackt: eine olympische Orgie zeigt Frans Floris de Vriendts Göttermahl.

Unklar ist, wann genau die Parallele zwischen Ess- und Sexualpraktik, zwischen Tier und Organ zum ersten Mal gedacht wurde. Gemalt wurde sie schon sehr früh. Sobald die Künstler der Renaissance anfingen, olympische Götter in ihrer lustvollen Nacktheit zu malen, mussten die Austern als Symbol dessen herhalten, was gleich hinter der Leinwand passieren wird.

Bilder von Gelagen waren schon im 16. Jahrhundert ohne Austern gar nicht denkbar. Die größte mir bekannte Orgie stammt vom flämischen Maler Frans Floris de Vriendt, der die Renaissance nach Holland brachte und von dem Peter Paul Rubens (und später dann Andy Warhol) gelernt hat, dass man als erfolgreicher Maler ein ganzes Studio beschäftigen kann, um

Die gleiche, aber wohlbekleidetet Orgie im irdischen Wohnzimmer zeigt Dirck Hals' Interieur mit fröhlicher Tischgesellschaft *(1620).*

die Nachfrage nach Kunst zu befriedigen. Wenn dieser Frans Floris de Vriendt sich ein Göttermahl vorstellt, dann fliegen kleine Cupido-Engel mit roten Flügeln über der Tafel, bärtige Männer mit nacktem Oberkörper beugen sich über barbusige Frauen und Mars, rechts im Bild, hat seine Rüstung abgelegt und küsst innig seine Tischdame. Herkules, links im Vordergrund, ist sein Löwenfell schon weit unter die Hüften hinuntergerutscht. Die Frau, die den stärksten aller Männer mit ihren Reizen besiegt hat, bietet ihm als Vorspiel und Kräftigung noch schnell eine Auster zum Verzehr an. Bacchus schenkt aus Schalen Wein aus und auf dem Tisch liegen – falls die Libido bei dem Gelage einmal schwinden sollte – geöffnete Austern bereit.

Selten wird – wie hier am Anfang der neueren europäischen Kunstgeschichte – die sexuelle Konnotation der Auster so offen und lustvoll dargestellt. Ihre Funktion als Requisit der Ausschweifung verändert sich nicht, wenn die dargestellten Personen weniger himmlisch sind und sich in bürgerlichen Interieurs bewegen. Die göttliche Orgie wanderte ein paar Jahre später aus dem Himmel herunter auf die Erde. Die Körper der Damen und Herren auf Bildern von Dirck Hals sind nicht ganz so heroisch und edel, dafür sind die Kleider umso aufwendiger. Die Stimmung ist nicht weniger ausgelassen. Dic Aussage des Bildes aber ist in etwa die gleiche: Das irdische Leben in den kleinen Kammern und den rüschenbesetzten Kleidern kann schön sein, Abgründe mögen lauern ... doch die Rolle, die der Teller voller Austern in diesem lustvollen Leben spielt, hat sich im Vergleich zum himmlischen Göttergelage nicht im Geringsten verändert. Lust und Freude sind samt gefüllter Austernschalen auf die Erde herabgestiegen und haben sich im bürgerlichen Salon heimisch gemacht.

Langsam aber wurde aus der ehemals aristokratischen Speise ein proletarischer Snack, billige Massennahrung. Die sexuelle Konnotation ging eigenartigerweise bei der zunehmenden ›Käuflichkeit‹ der Auster, die mit der Industrialisierung ihres Fangs einherging, nie ganz verloren. New York ernährte sich im 19. Jahrhundert hauptsächlich von Austern. In einem zeitgenössischen Bericht schreibt der schottische Journalist Charles Mackay erstaunt von der ganz eigenen und nicht unbedingt vornehmen Kneipenkultur, die sich um die Tiere herum gebildet hatte:

Eine eigene, männliche Kneipenkultur: Richard Caton Woodville, Politics in an Oyster House.

Jedem Fremden wird sofort die große Zahl an »Oyster Saloons«, »Oyster and Coffee Saloons«, oder »Oyster and Lager Beer Saloons« auffallen, die überall zum Verweilen und Probieren einladen. Diese Saloons – von denen die meisten recht hübsch ausgestattet sind – befinden sich wie die Bierkeller in Deutschland meist in unterirdischen Gewölben.

In dieser Zeit erlebte die Meeresfrucht als Lebensmittel eine Karriere als billige Massennahrung, die in England, Amerika und Frankreich industrielle Züge annahm, in der die Rolle der Frau von der Fabrik- bis zur Sexarbeiterin reichte. In Baltimore mussten Frauen unter menschenunwürdigen Bedingungen täglich Tausende von Austern in Fabrikhallen unter dem strengen Blick männlicher Inspektoren öffnen und in Dosen füllen. Die massenhafte Verarbeitung sollte die Spezies der Austern zum zweiten Mal an den Rand des Untergangs bringen. Die Proletarisierung war fast ihr Untergang.

Im 19. Jahrhundert war Austernessen so alltäglich, dass Charles Dickens den heute etwas verblüffenden Satz schreiben konnte, dass »Armut und Austern immer zusammen auftauchen«. So steht es im 21. Kapitel der *Pickwick Papers*, veröffentlicht im Jahr 1836. Im Englischen fehlt der Aussage gar die verführerische Alliteration: »poverty and oysters always seem to go together«, behauptet der Vorstadtphilosoph Sam Weller im Original, und führt aus: »Je ärmer eine Gegend ist, desto größer ist die Nachfrage nach Austern. Sehen Sie, hier gibt es alle paar Häuser einen Austern-Stand, die Straßen sind voll davon.« Der Journalist Henry Mayhew schätzte in seinem Standardwerk *London Labour and the London Poor* 1851, dass Mitte

Eine eigene weibliche Austernindustrie, der einzige Mann passt auf: amerikanische Austernfabrik im 19. Jahrhundert.

des 19. Jahrhunderts allein in London im Jahr 500 Millionen Austern (und noch einmal doppelt so viele Heringe) verspeist worden seien. In etwa zu dieser Zeit malte Monet das Bild des bettelarmen Philosophen, zu dessen Füßen sich einige weggeworfene Austern befinden. Die Eisenbahn, die die verderblichen Tiere schneller transportieren konnte, als sie starben, tat ihr Übriges, die Auster schnell in der Welt zu verbreiten. Karl August Möbius beschrieb das Phänomen bereits 1877:

> *Sobald die Austern durch Dampfschiffe und auf Eisenbahnen frisch, wie sie von den Bänken kommen, schnell verbreitet und tief in das Binnenland geführt werden konnten, wurden auch dort immer mehr Austernesser gebildet, und so wuchs trotz der schnellen*

Steigerung der Preise der Bedarf an Austern von Jahr zu Jahr. Er nahm fast in gleichem Masse zu, wie die Ausdehnung der Eisenbahnnetze in Frankreich, England und Deutschland.

Austern gehörten im 19. Jahrhundert in den großen Industriestädten zum Straßenbild. Ihr Ruf war nicht mehr der beste. Der Vertrieb der Tiere lag in Europa oft in den Händen (und Körben) der sogenannten ›Oyster Girls‹, deren Reputation ebenfalls nicht die beste war. Ein populäres Lied der Zeit handelt von einem solchen Oyster Girl: »As I was walking down a London Street, / A pretty little oyster girl, I changed for to meet. / I lifted up her basket and boldly I did peek, / Just to see if she's got any oysters.« Das Girl verspricht dem Mann kostenlose Austern, worauf dieser ein kleines Zimmer anmietet, wo sie dann allerdings nicht die Austern und auch nicht wie erwartet andere Reize offenbart, sondern dem zudringlichen ›Austernliebhaber‹ seine Taschen leert. Die jungen Frauen, die seit dem 17. Jahrhundert auf den Straßen der Großstädte Austern als Snacks verkauften, gerieten in den Ruf, eigentlich Prostituierte zu sein. Zwischen der Käuflichkeit der Auster und der der Frauen wurde ebenso wenig ein Unterschied gemacht wie zwischen dem Tier und einer Vulva: »The Oysters good! The Nymph so fair. Who would not wish to taste her Ware«, heißt es bewusst doppeldeutig unter einem Stich des 19. Jahrhunderts mit dem Titel *The Fair Oyster Girl*. Die Wirklichkeit sah jedoch anders aus. Die tatsächlichen ›Oyster Women‹ des 19. Jahrhunderts waren keine freizügigen, jungen Mädchen, sondern zumeist mit vielen Schichten von Schürzen gegen Gestank und Wasser geschützte resolute Frauen.

Wer oder was ist hier die Ware? The Fair Oyster Girl, *nach Philippe Mercier, (vor 1799) als erotische Fantasie.*

Andererseits: Die proletarische Realität auf einer frühen Straßenfotografie, um sich gegen den Geruch und das Wasser zu schützen, trugen die Händlerinnen dicke Kleider.

Der Journalist Henry Mayhew interviewte Mitte des 19. Jahrhunderts auch eine Londoner Austernverkäuferin. Sie erzählte ihm: Die ganz Armen würden Austern nicht anfassen, weil sie deren Geschmack zu sehr an Schnecken erinnere. Diejenigen Kunden, die sie eher als ›Gentlemen‹ bezeichnete, würden Austern direkt an ihrem Stand runterschlingen, als ob sie ein Gift schlucken müssten, wohl weil sie ›down on her luck‹, also etwas heruntergekommen seien. Doch unter ihren Kunden seien auch Mägde, die fünf oder sechs Dutzend Austern für ein feines Abendessen einkaufen müssten.

Den größten Geistern dieser Epoche war die tumbe Molluske ein Anlass zu metaphysischen Spekulationen. Charles Darwin, der auf seiner Fahrt um die halbe Welt immer die Austernbänke begutachtete und nach ihnen Erdalter bestimmen wollte, stellte sich die scheinbar absurde Frage: Haben Austern einen freien Willen? In unveröffentlichten Notizbüchern findet man unter der Überschrift *Metaphysics on Morals* 1838 Darwins Gedanken über die Natur des freien Willens. Er versucht dem Phänomen über Extrembeispiele nahezukommen: Bei einem Baby, das noch ganz unvernünftig sei, sei es offensichtlich, dass es einen freien Willen besäße. Gleiches müsste man auch den Tieren unterstellen. Darwin denkt weiter: Wo ist die Grenze zu ziehen? Er zieht das entfernteste Wesen heran, das nicht einmal ein Gehirn besitzt. Könnte man einer Auster einen freien Willen unterstellen? Schließlich würde auch dieses Wesen versuchen, Schmerzen zu vermeiden und Freude zu empfinden, und seinen Körper nach den Sinneseindrücken ›organisieren‹: »free will of oyster, one can fancy to be direct effect of organization, by the capacities its senses give it of pain and pleasure«.

Weil also Austern mit ihren geringen Fähigkeiten zur Sinneswahrnehmung auf Schmerz oder Pläsir reagieren, so überlegt Darwin in seinem Gehirn, könnte man ihnen auch einen freien Willen zusprechen. Und dann im nächsten Satz kommt es: »if so free will is to mind, what chance is to matter« – dann sei der freie Wille für den Geist das, was der Zufall für die Vernunft ist. Der Zufall war für Darwin der eigentliche Motor der Evolution, der Entwicklung des Lebens, der die von Darwin entdeckte Zuchtwahl der Arten – das Leben in all seiner Mannigfaltigkeit – erst hervorbringe. So aber wie sich der Zufall zur Materie verhalte, sie organisiere und zu komplexen Strukturen zusammenfüge, so würde der freie Wille den Geist hervorbringen. Und so stammt der Mensch nicht nur vom Affen ab, sondern sein Geist gehe auf die Auster zurück. Zumindest finden sich seine Grundzüge bereits im primitiven Molluskel. Eine große theoretische Last für ein Tier, das nicht einmal ein Hirn besitzt. Dass Darwin solche Gedanken angesichts einer Auster denkt, erinnert noch einmal an den von Manet gemalten Philosophen, der seine Weisheit an der Anschauung der Austern schult.

Zurück zur Vermehrung, ohne die es keine Zuchtwahl gäbe: Immer wieder ist es verblüffend, dass die Auster, das vielleicht dümmste aller Tiere, das uns fremd ist wie keines, wie kaum ein anderes dazu verwendet wird, sexuelle Gelüste zu befeuern. Als Nachfolgerin der Oyster Girls trat nach dem Zweiten Weltkrieg die stilbildende Stripperin Kitty West im Casino Royale auf der legendären Bourbon Street in New Orleans auf: Sie war eine geborene Abbie Jewel Slauson, angeblich eine Cousine von Elvis Presley, und sie entstieg bei ihrer Show einer riesigen Auster und tanzte dabei mit einer großen Perle. Ihr Burlesque-

Halb Mensch, halb Auster: Kitty West als ›Evangeline The Oyster Girl‹, New Orleans.

Akt ist bis heute so bekannt, dass es eine ganze Schule von Tänzerinnen gibt, die sich als ›Oyster Girl‹ bezeichnen und stolz darauf sind, von der erst 2019 im Alter von 89 Jahren verstorbenen Erfinderin des Showaktes noch persönlich unterrichtet worden zu sein.

In ihrer Show ersetzte Kitty West in der Austern-Stadt New Orleans den amorphen Körper der Auster durch ihren eigenen. Man kann sich die Reaktionen der Männer im Casino vorstellen, die sich – vielleicht mit einer frisch servierten Auster in der Hand – die Show angesehen haben. Vor ihren Augen die zur Frau gewordene Muschel, in ihrem Mund der salzige Körper des Wesens. In ihrem Kopf mag beides langsam immer mehr verschwimmen: das wohlschmeckende Tier, der Bühnenakt, der die phänomenologische Ähnlichkeit zwischen weiblichem Organ und Speise auf die Spitze treibt, die Frau, die angestellt ist, diesen Blick gewordenen Gedanken zu befeuern – egal ob in der Fabrik, auf der Bühne oder im Hinterzimmer. Für die Befriedigung der Bedürfnisse der Männer, die ihre Anzüge wie harte Schalen tragen, wird die höchstens spärlich bekleidete Frau mit Geld abgespeist. Ja, in der Auster enthüllt sich auch der triebhafte Urgrund des Kapitalismus.

Die amorphe Auster aber kann auch zärtlich sein: so jedenfalls beschreibt Michael Ondaatje in seinem Roman *Buddy Boldens Blues*, der ebenfalls in New Orleans spielt, einen älteren Austern-Tanz, bei dem die Auster weniger als Sexualobjekt, sondern phantasmagorisch als Stellvertreter der männlichen Hände auf dem weiblichen Körper verwendet wurde:

> *der Austern-Tanz, bei dem eine nackte Frau auf einer kleinen Bühne alleine zum Klavier tanzte. Die beste von ihnen war Olivia, the Oyster Dancer, die eine rohe Auster auf ihre Stirn legte, sich zurücklehnte und sie über ihren Körper gleiten ließ, ohne dass sie jemals herunterfiel. Die Auster wanderte kreuz und quer über ihren Körper bis hinunter zu ihrem Spann. Von da aus kickte sie sie in die Luft, fing sie wieder mit ihrer Stirn auf und begann den Vorgang von neuem.*

Zeit, um zur Beruhigung ein paar unverfängliche Bilder zu betrachten.

Das animalische Stillleben

Down by the sea lived a lonesome oyster
Every day getting sadder and moister
He found his home life awf'lly wet
And longed to travel with the upper set
Poor little oyster

COLE PORTER, The Tale of The Oyster (1929)

Seit ich meinen Blick darauf fokussiert hatte, tauchten überall auf der Welt aus dem Nichts Austern auf. Hatte ich ursprünglich befürchtet, zu viel über noble Restaurants zu erzählen oder über komplizierte Züchtungsmethoden recherchieren zu müssen, waren die Tiere plötzlich überall. Egal ob ich durch die Lagune von Venedig fuhr, im Karwendel eine Wanderung unternahm, in Cambridge Darwin besuchen wollte oder in der Karibik am Strand saß: Die Austern waren schon da. Ich hatte natürlich erwartet, in französischen Bars an der Côte d'Azur auf Austernliebhaber zu treffen, aber nicht in der idealistischen Philosophie. Ich wusste, dass es bewundernswerte Austernportraits in der niederländischen Stilllebenmalerei gab, doch unerwartet kam, dass fortan jeder Museumsbesuch zu einer ausführlichen Begegnung mit den kleinen grauen Schalentieren werden sollte. Plötzlich waren die Gemälde voll von ihnen. Bei einem Besuch der Pinakothek in München, die des Verdachts nautischer Faszination enthoben ist, lagen überall

Verführen, verlocken, verschlingen, drei Wesen, die zu allem bereit sind, zeigt Frans van Mieris, Das Austernmahl.

Austern herum, egal ob Christus irgendwo am Ufer eines Meeres eine Predigt hielt, der heilige Jonas dem Wal entstieg oder ein heute vergessener holländischer Bürgermeister in seinem Kabinett den Gästen etwas zu essen, das heißt Austern in Massen, serviert.

Rebecca Stout, die eines der kundigsten Bücher über die Auster und ihre Geschichten geschrieben hat, will beobachtet haben, dass die Malerei der Auster im Lauf der Jahrzehnte ausgehend von einer filmischen Totalen in einer Kamerafahrt immer näher gekommen sei: »The ›camera‹ draws closer, lingering.« Die Muschel wird vom beiläufigen Requisit, das die dekadente Ausgelassenheit begleitet, zum zentralen Bildgegenstand, der selbst das Drama darstellt. An der Ikonografie der Muschel ändert sich dabei wenig. Stets ist sie mit dem erotischen Akt verbunden: Junge, freizügige Mädchen reichen meist älteren Männern eine Auster als Zeichen ihrer Zuneigung, die den Vollzug körperlicher Liebe oft explizit einschließt.

In Frans van Mieris' winzigem Gemälde *Das Austernmahl,* das im protestantischen Den Haag in einer Ecke des noblen Mauritshuis-Museums hängt, ist die geöffnete Auster definitiv ein Platzhalter des weiblichen Geschlechts. Eine junge Frau mit tiefem Ausschnitt bietet auf diesem berühmten, aber nicht gerade anziehenden Bild eines männlichen Künstlers einem wenig attraktiven Mann eine geöffnete Auster an. Unter einem gleichermaßen geöffneten Pelz trägt sie ein austernfarbenes Satinkleid, das sich zwischen ihren gespreizten Beinen muschelförmig öffnet. Dem Bild fehlt jede Dezenz. Zwischen der dargestellten Szene und dem sexuellen Akt, der in wenigen Momenten auf dem verhängten Bett hinter der Dame vollzogen werden könnte, muss man sich nur noch den Verzehr der bereits geöffneten, feuchten Auster denken. Vielleicht vor dem Liebesspiel zur Anregung noch einen kleinen Schluck Wein?

Irgendwann verschwanden dann die Menschen aus den Bildern. Die Austern blieben. Standen die frischen Meeresfrüchte zuvor nur auf den Tischen, wurden sie bald zum bevorzugten Accessoire einer neuen Mode. Die Maler mussten nur die willige Dame und den lüsternen Mann weglassen. Um 1600 wurde die Auster zu einem der bevorzugten Modelle der neu entstehenden Stilllebenmalerei. Das kann auf den ersten Blick verblüffen. Denn eigentlich ist sie extrem unmalerisch: Niemand könnte – so wie jedes Kind eine Kuh, ein Schwein, einen Fisch zeichnen kann – aus dem Gedächtnis eine Auster zeichnen. Ihr Aussehen ist amorph. Kein Schwänzchen oder Auge macht sie leicht erkennbar. Obendrein ist sie eigentlich unansehnlich. Vielleicht gibt die gestaltlose Muschel gerade deshalb den Künstlern besondere Gelegenheit, die handwerkliche Virtuosität nicht nur im Malen von Faltenwürfen, glänzenden Stoffen, Pelzen, Teppichen, Vorhängen, Gläsern und den Reflexionen darauf zu demonstrieren. Sondern eben auch beim Malen der formlosen Auster. Fakt ist: Das niedere Tier, das auf dem Teller noch lebt, wird zu Beginn des 17. Jahrhunderts absurderweise zum schillernden Star der Stillleben voller lebloser Gegenstände, die im Französischen klangvoller *Nature Morte* heißen.

Schon siebzehn Jahre nachdem 1593 Caravaggio in Rom einen prall gefüllten Früchtekorb vor beiger Wand gemalt und damit eines der ersten autonomen Stillleben geschaffen hatte, begann Osias Beert in Antwerpen, Blumen, Früchte und Gläser und bald auch Austern auf Tischen zu malen. Nicht weil sie be-

Zehn lebende Austern und eine todbringende Fliege versammelt Osias Beert in seinem Stillleben Bodegón, *nach 1600.*

sonders schön waren, sondern weil er es konnte. Nicht weil er etwas damit bedeuten wollte, sondern weil es diese Dinge gab. Sie sagten in ihrer Ruhe etwas aus, das sich offenbar nicht in Worte fassen ließ. Es sind die ersten Bilder der Kunstgeschichte, die keine Geschichte illustrieren, sondern nichts als Gemälde sein wollen. Mit ihnen zeigt der Maler seine Kunst. Das Glänzen des Perlmutts, das feuchte Leuchten des Muschelkörpers und das Unförmige der Außenschale erinnern mit keinem Pinselstrich an die Götterschlachten, mythologischen Matronen und heiligen Jungfrauen. Die zittrig ungenaue Form der rohen

Speise bildet den Gegenpol zu den exakten, menschengemachten Formen der Weingläser, die auf den Stillleben traditionell neben den Austern stehen.

Man könnte diese Bilder symbolisch deuten, aber genau das widerspräche ihrem Wesen, sie sind ganz Gegenstand, nichts als angehaltene Zeit. Die Kunstgeschichte ist davon abgekommen, die Stilllebenmalerei allgemein als verschlüsselte Botschaften zu deuten. Sie werden heute eher als autonome Kunst gewertet.

Auf dem Bild *Bodegón* aus dem Prado gibt der Austernvirtuose Beert jeder seiner zehn ordentlich geöffneten Austern eine eigene, individuelle Gestalt. Neben den Tieren liegt ein frischer Laib Brot, auf dem eine Fliege sitzt. Als man solche Stillleben noch symbolisch deutete, waren hier Sexualität (die geöffneten Austern) und Tod (die Vergänglichkeit des Brotes in Gestalt der Fliege) sowie der Rausch (gefülltes Weinglas) und die Feier des Augenblickes (Austern isst man kurz nach dem Öffnen) einander gegenübergestellt. Die kunsthistorisch relevante Fliege legte in dieser Deutung vielleicht gerade ihre Eier auf dem Brot ab und damit den Keim der Vergänglichkeit in all diese Pracht und ins Auge des Betrachters.

Auf dem Bild mit den zehn Austern, dem Weinglas und der Fliege auf dem Brot geht es allerdings nicht um Vergänglichkeit: im Gegenteil! Der Austernmaler Beert hat die Vergänglichkeit geradezu eliminiert, indem er ihr die immerwährende Gestalt der Sehnsucht gab. Das Bild hat die Zeit kurz vor dem Genuss angehalten: Die beiden Weingläser sind noch gefüllt, die Austern, die sich dem erhöhten Betrachter hingeben, locken verführerisch. Man sieht auf dem Bild förmlich ihren salzigen Geschmack. Noch ist die erste Auster nicht gegessen. Ich will in das Bild hineingreifen: Die Fliege verscheuchen! Die Auster essen! Das Glas Wein trinken! Doch das Bild versagt den Genuss, den es darstellt. Mit René Magritte muss man sagen: Dies ist keine Auster. Dies ist gemalte Sehnsucht. Ein Portrait der Begierde, der Ewigkeit der Lust, die hier gemalt wurde. Es ist eine Sehnsuchtsmaschine, keine Erfüllung. Der Genuss liegt vor Augen und nur in der Fantasie des Betrachters. Deshalb gibt es, abgesehen etwa vom Bild des Philosophen von Manet, nur selten leere Austernschalen auf den Gemälden.

Der amerikanische Lyriker Mark Doty hat angesichts solcher Austern unter dem Titel *Still Life With Oysters and Lemon: On Objects and Intimacy* ein ganzes Buch geschrieben und darin verzweifelt ausgerufen, Austernstillleben seien eine leidenschaftliche Demonstration extremer handwerklicher Virtuosität, die der Liebe ähnelt, »a demonstration of virtuosity so extreme as to be explicable only by means of love: this is a testament of falling in love with light, its endless variation, its subtlety and complexity«. Auch Doty spürt beim Betrachten eines Gemäldes des holländischen Malers Davidsz. de Heem in der Metropolitain Gallery in New York eine geradezu körperliche Sehnsucht auf der Zunge, und als Lyriker will er nichts sehnlicher, als mit seiner Sprache das Gefühl einfangen, das das Stillleben in ihm hervorruft: »Their liquidity makes me want language to match, want on my tongue their deliquescence, their liquefaction.« Und dann fließen angesichts von Zitronenschale, herbem Wein und dem salzig-sumpfigen Geschmack der Auster, die er sich vorstellt, die Worte und die Erinnerungen sein ganzes Buch lang:

> *the sharp pulp of the lemon, and the acidic wine, and the salty marsh-scent of the oysters, were some fragrance the light itself carried.* […] *they satisfy so deeply because they offer us intimacy and distance at once, allow us to be both here and gone.*

Hin und weg. Intimität und Distanz, Gegenwart und Vergänglichkeit, alles entsteht aus einem Bild mit ein paar reglosen Tieren darauf.

Meist ist der Titel der barocken holländischen Stillleben schon das Programm: Eines der schönsten ist das *Stillleben mit Austern, Römer, Zitrone und Silberschale* von Willem Claesz. Heda. Gemalt wurde es in Haarlem im Jahre des Herrn 1634 als einer der Höhepunkte der immer monochromer werdenden Stilllebenmalerei. Von Vergänglichkeit ist auch hier nichts zu sehen. Der Raum, in dem das stille Drama stattfindet, ist unbestimmt wie bei den großen Gemälden Caravaggios, irgendwo von links oben fällt ein dramatischer Lichtstrahl auf die handelnden Gegenstände, als da wären: ein halb mit weißem Wein gefüllter Römer, der zum Standardrepertoire des Malers gehört. Er hatte ihn offenbar im Atelier stehen und auf vielen Bildern gemalt. Auch die umgestürzte Silberschale hat der Maler oft in seine Bilder integriert. Im Zentrum des Bildes liegt eine Zitrone, eine im Holland des 17. Jahrhunderts recht kostbare Frucht. Sie ist auf jedem der Claesz.-Heda-Gemälde vertreten und auf jedem etwas anders dargestellt. Auf diesem Bild wurde die Schale halb abgelöst. Sie schlängelt sich in leuchtendem Gelb vom Tisch herunter, als ob sie aus dem Bild entweichen wolle. Diese Art, eine Zitrone zu malen, die bei den Austern liegt, wird die folgenden Jahrhunderte überdauern. Die halb abgerollte

In der größten Idylle lauert das Verderben, wie hier in diesem Stillleben mit Austern, Römer, Zitrone und Silberschale *(1634)*.

Schale, die in ihrer komplexen Geometrie schwer darzustellen ist, wird – wie die Auster selbst – zu einem eigenen Sujet der Kunstgeschichte. »Lemon competition« hat Mark Doty dieses massenhafte Auftreten immer virtuoser gemalter Zitronen in der Malerei genannt. Neben der Zitrone liegen zwei recht fette Austern. Hier würzt man sie mit Salz oder kostbarem Pfeffer, der sich in einem kleinen, zur Tüte gewickelten Papier befindet, das fragil in einem Schwebezustand auf der Tischkante liegt und sich – so wie die Zitronenschale – am liebsten ›vom Tisch machen‹ möchte.

Es ist eine heile Welt, aber nur auf den ersten Blick. Denn auf den zweiten erkennt man auf der linken Seite des Tisches in dem streng dreieckig arrangierten Ensemble ein zweites, ein zerbrochenes Weinglas, dessen Splitter in den Austernteller hineingefallen sind. Hier lauert buchstäblich Lebensgefahr. Der Betrachter wird hin- und hergerissen: So anziehend die Austern, so abstoßend die Glassplitter. Und einmal derart vom ersten idyllischen Eindruck getäuscht, schaut man genauer hin: Da, die Reflexion eines Fensterkreuzes auf dem zentralen, halbvollen Römer. Er thront ziemlich genau in der Mitte des Bildes. Auf einmal erscheint er als unheimlich drohendes Christuskreuz. Und was soll das? In der größeren, deutlicheren Spiegelung des Fensters am oberen Rand des Glases sieht man, dass das Fenster, durch das das Licht aus dem Jenseits des Raumes hereinscheint, gar keine Querstreben hat! Nur die beiden Austern, das einzige noch lebende Element in dieser *Nature-morte*-Assemblage, leuchten mehr als jedes Licht oder der silberne Pokal. Sie sind das eigentliche Meisterstück des Malers, verlockend mit ihrem glibberigen Fleisch auf dem schimmernden Perlmutt. Man sieht förmlich das zweite Wasser in den Austern auf der trockenen Leinwand des Stilllebens auslaufen. Wäre dieses Stillleben ein Musikstück und in den späten 1960er-Jahren entstanden, es wäre ein ewiges Gitarrensolo. Wir sind ganz im Sehen gefangen.

Austern in einer derart realistischen Darstellungsweise lassen dem Betrachter buchstäblich das Wasser im Mund zusammenlaufen. Dementsprechend sind die Stillleben von Willem Claesz. Heda eine der Hauptattraktionen im Rijksmuseum in Amsterdam, für dessen Besuch man Tickets lange im Voraus buchen und trotzdem lange anstehen muss, um bis zu ihnen zu gelangen. Das Museum ist fernab einer Austernbar, in der die

Hier beginnt die Moderne: Édouard Manet, Le déjeuner dans l'atelier *(1868). Nur die Auster auf dem Tisch sieht aus wie seit eh und je.*

köstlichen holländischen Zeeland-Austern angeboten werden, die nebenan in den kalten Nordseegewässern der Oosterschelde großgezogen werden. Gehen Sie in das Museum: Sie werden in diesem riesigen Ausstellungssaal unter all den vielen bunten und müden Touristen den Blick nicht von den paar Austern wenden können, die seit fast vier Jahrhunderten auf diesem Bild auf ihren sofortigen Verzehr warten. Merkwürdig: Eigentlich sind die Austern das Vergänglichste auf dem Bild. Sie dürften den Malprozess nicht überdauert haben. Wahrscheinlich mussten sie während des Malvorganges – so wie heute noch in

Austern, sonst nichts: Édouard Manet, Nature morte, huîtres, citron, brioche*, also: die übliche Zitrone, Brot und Butter, ein paar Pinselstriche.*

der Food Photography – von Bediensteten des Künstlers mit Salzwasser frisch gehalten werden, weil sie sonst nicht so lange ihren Glanz behielten, wie es dauerte, das Gemälde zu malen. Und doch werden Sie jetzt sofort diese Austern essen wollen, ins Bild hineingreifen, um von dem kühlen Wein zu probieren. Sie können sich an dem Tuch noch schnell die Hände abwischen, bevor die Museumsaufsicht kommt. Hedonistischer kann Kunst nicht sein. Den wertvollen Goldpokal werden Sie hingegen unberührt lassen. Den kann das Museum behalten.

Die holländischen Austern samt Zitrone sollten von hier aus als ein Leitfossil ihren Weg durch die Kunstgeschichte finden.

Noch in dem ikonografischen Gemälde *Frühstück im Atelier*, das fast zweihundertfünfzig Jahre später 1868 von dem jungen Kunst-Rebellen Édouard Manet gemalt wird und das wie ein Wächter am Eingang zur Moderne steht, werden die holländischen Stillleben zitiert. Ein paar Jahre zuvor hatte Manet den Bettlerphilosophen mit den Austern recht akademisch portraitiert. Jetzt ist die Kunstwelt etwas aus den Fugen. Der Impressionismus setzt auf den Augenblick statt auf die großen Geschichten. Rechts unten auf dem Tisch, an den sich der junge Mann lehnt, sieht man das holländische Austernstillleben samt sich kringelnder Zitronenschale, einer Riesenauster und dem obligat über die Tischkante ragenden Messer. Der Mann am Tisch, der den Malerkollegen Monet darstellt, hat wohl gerade ein paar Austern verspeist. Auch hier ist die Zeit angehalten: Die drei Menschen wirken erstarrt wie die Staffage eines Stilllebens. Es ist etwas an den Rand des Geschehens gerückt.

Wenn Manet ein paar Jahre darauf, inzwischen ist er erfolgreicher Impressionist geworden, noch einmal dieses Stillleben mit Austern malt, ist er mit seiner Malweise bereits zum Klassiker geworden. In *Nature morte, huîtres, citron, brioche* zoomt er jetzt auch ganz an das Sujet heran. Bis zur Tischdecke ist sein Arrangement dem seiner holländischen Kollegen ähnlich: ein paar Austern, Zitrone, Brot, keine Fliege. Das Bild ist ganz gelehrtes Zitat. Hier deutet ein Künstler mit dem zeitlosen Sujet der Austern, die er in seinem eigenen, einem neuen Stil malt, auf die Kunstgeschichte und sagt selbstbewusst, dass er darin einen eigenen Platz beansprucht. Bald – so ahnt Manet – wird schon ein einzelner Pinselstrich Kunst sein können. Manet tischt Austern auf, um zu beweisen, dass er auf seine eigene, moderne Art mit den Größten seiner Zunft und der Jahrhunderte vor ihm mithalten kann. Auf seinem Bild eines Austernessens von 1876 liegen die zum Verspeisen vorbereiteten Tiere vor einer kahlen Wand, immer noch findet sich auf dem Tisch mit der Decke ein Messer, zu den Austern gibt es heute nur Brot und Butter. Das Licht kommt wie beim Kollegen Willem Claesz. Heda von links oben. Viel malerische Aufmerksamkeit wird ihm nicht gewidmet. Hier gibt es keine Symbole. Die Zitrone ist einfach in der Mitte durchgeschnitten, die Schale liegt achtlos im Hintergrund herum. Ein schnelles Mahl, ein schnelles Bild, ein profanes Butterfass statt eines herrschaftlichen Pokals. Stolz zeigt Manet, dass er acht Austern mit viel weniger Pinselstrichen noch viel besser als seine Vorgänger darstellen kann. Hallo Moderne! Das Auge des Betrachters setzt die Welt aus den Pinselstrichen zusammen, die vor allem auf sich selbst weisen. Sie sind ganz Farbe. Die Feier des Augenblicks ist vom Sujet auf das Bild übergegangen: Manets Bild will den Eindruck vermitteln, es sei schnell zwischen dem Öffnen und dem Verzehr seiner Austern gemalt worden. Wahrscheinlich hat der Künstler seine Modelle nach Vollendung des Gemäldes noch gegessen. Dies hätte das Ende der Kunstgeschichte und das Verschwinden der Austern aus ihr bedeuten können, war aber nur das vorvorletzte Kapitel.

Noch die Avantgardisten des 20. Jahrhunderts hat es interessiert, wie ein so komisches Ding wie eine Auster in ein Bild zu zwingen sei. Auster und Zitrone, *Huître et citron* nennt Georges Braque ein halbes Jahrhundert später seine Fassung des klassischen Themas auf einer Einladungskarte einer Galerie. Die Tischdecke, die der von Monet nur vom Muster her ähnelt, ist

Das Ende der Kunstgeschichte im Kommerz bedeutet Georges Braques Huître et citron *(1952), Einladungskarte der Galerie Maeght.*

schon so abstrakt gehalten, wie die Zukunft sein wird. Essen will diese Auster niemand mehr. Sie ist wenig appetitlich, regt zu nichts an. Sie ist nur ein Bild, das sich selbst genug ist und über die schnöde, realistische Welt erhaben ist. Diese Auster ist nett anzusehen. Aber eigentlich ist sie nur noch die entfernte Erinnerung an ein ehemals lüstern machendes Sujet. Sie lädt nicht zum Genuss ein, sondern zum Handel oder genauer: zur Spekulation mit Kunstwerken. Braques Lithografie ziert die Einladung der einflussreichen, französischen Galerie Maeght für ein paar reiche Sammler, die fortan die Kunstgeschichte unter sich ausmachen.

Vom glücklichen Ende

»(Don't Fear) The Reaper«

BLUE ÖYSTER CULT

Die Europäische Auster, die unsere Küsten schon bewohnte, bevor es sie überhaupt in ihrer heutigen Form gab, und die die ersten Menschen gut ernährt hat, ist seit fast einem Jahrhundert de facto ausgestorben. Punkt. Fakt. Ende. Die industrielle Überfischung, die Verwendung von Schleppnetzen und die Verschlechterung der Umweltbedingungen haben die Bestände fast völlig ausgerottet. Kein Tier findet sich mehr in den ehemaligen Habitaten in der Nordsee oder entlang der Atlantikküste. Ein paar Restbestände existieren sorgfältig von Züchtern gepflegt noch vor Norwegen und England, aber weder vor Marokko noch im Mittelmeer oder dem Schwarzen Meer gibt es noch nennenswerte Bestände. »In der deutschen Nordsee gilt die Europäische Auster als funktionell ausgestorben«, heißt es in der einschlägigen Veröffentlichung *Wiederherstellung der Bestände der Europäischen Auster (Ostrea edulis) in der deutschen Nordsee* des Bundesamtes für Naturschutz (kurz RESTORE). Dabei hatte schon der Ökopionierdenker Karl August Möbius im Jahr 1877 mit seinem Schlusssatz gefordert: »Die Erhaltung der Austernbänke gehört ebenso zu den Aufgaben des Staates, wie die Erhaltung der Wälder.« Zeit für das Happy End. Auftritt der Meeresbiologin: Für meine Generation, die mit den televisionären Abenteuern von Jacques-Yves Cousteau groß geworden ist, zählte ›Meeresforscher‹ zum Traumberuf. Dessen wissenschaftliche Entsprechung ist heute das Alfred-Wegener-Institut. Hier bemüht sich seit 2017 ein Team unter der Leitung der Meeresbiologin Bernadette Pogoda um eine Wiederansiedelung der Europäischen Auster in der Nordsee. Auf Fotos ihres Instituts sieht man sie im Labor zwischen Reagenzgläsern sitzen oder mit Rettungsweste an Bord eines Expeditionsschiffes stehen. Bernadette Pogoda ist die Mutter von hunderttausend Austern. Allerdings ist ihr Beruf weit von jeder romantischen Forschertätigkeit entfernt. Am Telefon spricht sie so schnell, als wüsste sie, dass die Zeit drängt.

Man könnte meinen: ›Heimische Austern wieder ansiedeln‹ klingt nicht allzu kompliziert. Schließlich müssen nur ein paar Tiere, die hier seit Millionen von Jahren gelebt haben, wieder ins Wasser gesetzt werden. Allein, die Welt ist kompliziert geworden. Schon die rechtlichen Voraussetzungen für so ein sinnvoll klingendes Projekt waren im 21. Jahrhundert nicht einfach zu erfüllen. 2011 hatte das sogenannte ›Muschelurteil‹ des Oberverwaltungsgerichtes Schleswig-Holstein die Einbringung von Saatmuscheln in Meeresnationalparks zunächst ganz untersagt. Dabei ist es egal, ob es sich um heimische Tiere handelt oder nicht. Bevor also das schöne Projekt einer Wiederansiedelung der ehemals heimischen Europäischen Auster in der Nordsee begonnen werden konnte, mussten komplizierte Rechtsgutachten erstellt werden. Angesichts derer verflüchtigt sich schnell das Bild einer tapferen Meeresschützerin, die auf schicken Forschungsbooten mit im Wind wehenden Haaren für die Wiederansiedelung ehemals heimischer Lebewesen kämpft.

Ihr Kampf entpuppte sich als komplexer Genehmigungsprozess. Das Rechtsgutachten hatte zum Ergebnis, dass eine

> *FFH-Verträglichkeitsprüfung erforderlich ist, weil das »Managementprivileg« nach §34 Abs. 1 S. 1 BNatSchG nicht zur Anwendung kommt und – bei prognostischer Betrachtung – eine Beeinträchtigung der Erhaltungsziele derzeit nicht mit wissenschaftlicher Sicherheit ausgeschlossen werden kann.*

Sprich: Man hatte die Befürchtung, dass das RESTORE-Projekt, die Einbringung von ehemals nativen Austern in der Nordsee, absurderweise dem Prinzip eines Naturschutzgebietes entgegenstehen könnte. Erst nachdem lange Genehmigungsprozesse durchlaufen waren, konnte sich das Team an die Arbeit machen: Ein paar Kilometer vor Borkum wurden in der Nähe eines Windparks acht Austernkörbe mit insgesamt 24000 Saataustern mit einer Größe von zwei Millimetern am Meeresboden befestigt. Allein deren Aufzucht war nicht einfach gewesen: Tiere einer ausgestorbenen Art kann man nicht auf dem Markt kaufen, weil es diesen Markt nicht gibt. Die wenigen Tiere, die es bei kommerziellen Züchtern gab, eigneten sich nicht, ausgesetzt zu werden. Denn diese sind genetisch so gleichartig wie möglich, um in der Zucht möglichst gleiche Tiere heranzuziehen. Für die Auswilderung hingegen wollte man die größtmögliche Biodiversität, eine größtmögliche genetische Vielfalt haben, damit verschiedene Tiere unterschiedlich auf die Anforderungen der Nordsee reagieren konnten. Zudem mussten die Tiere, die im Naturpark angesiedelt werden sollten, ›klinisch‹ rein sein, damit nicht – wie in den 1970er-Jahren in Holland geschehen – neue invasive Arten, Würmer oder

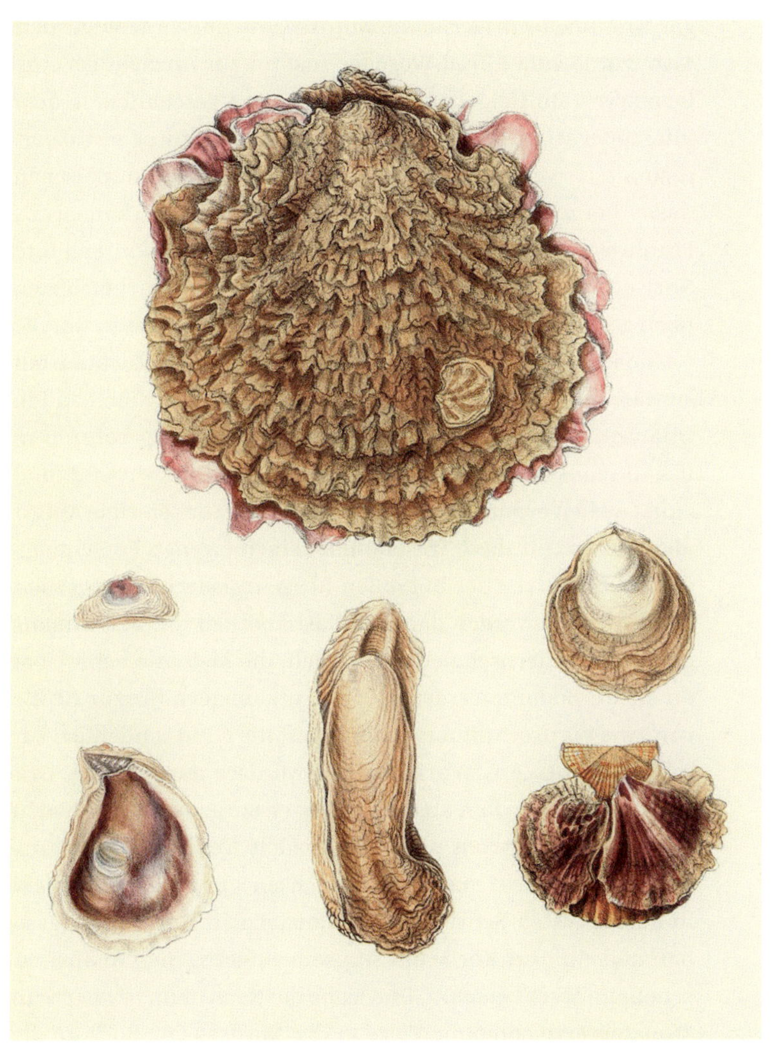

Kurz vor der endgültigen Ausrottung: Europäische Austern (um 1873).

gar Krankheitserreger in die Nordsee mit eingebracht würden. Also wurde vom Alfred-Wegener-Institut zur Anzucht der Austernlarven auf Helgoland ein eigenes Haus geschaffen, in dem mit modernsten Zuchtmethoden über Jahre hinweg zertifiziert gesunde Larven der so gut wie ausgestorbenen Europäischen Auster herangezüchtet wurden. Die Elterntiere dazu kamen aus Frankreich, von der Mündung des Bélon, aus Schottland und Norwegen, also jenen Gegenden, wo in kleinen Zuchtgebieten noch geringe Restbestände der Art vorhanden gewesen waren.

Zunächst wurden in einer eigens eingerichteten Zuchtanstalt ›erwachsene‹ Austern in künstlichem Meerwasser am Land in Quarantäne gehalten und bei angenehmen Temperaturen in Plastikschüsseln mit einer Mikroalgen-Kraftdiät versorgt und zum Laichen ermuntert. Schon die Aufzucht des sterilen Mikroalgenfutters für diese Wesen bildet einen eigenen Forschungszweig. Die Larven der in großen Reagenzgläsern herangezüchteten Austern werden dann in Plastikbecken im Austernhaus auf alten Austernschalen angesiedelt, die Methode heißt ›spat on shell‹. Sodann werden sie in Brutkanistern bis zur Größe von zwei bis drei Millimeter herangefüttert und schließlich zur Bildung neuer Austernriffs in der Nordsee ausgebracht. Größere Austern durften aus fortgesetzter Sorge vor Krankheiten oder invasiven Arten nicht angesiedelt werden. Per Meeresraumplanung des Landes Niedersachsen wurde für das Projekt in einem ersten Schritt das Pilotausternriff Borkum vorgesehen und ein paar Körbe mit sorgsam aufgezogenen Kleinstmuscheln im Meer versenkt. Und siehe da: Nach neun bis vierzehn Monaten erreichten die Tiere in der Nordsee vor Borkum die Geschlechtsreife. Es entstanden Männchen, die später zu Weibchen wurden. Es bildeten sich – wie erhofft – kleine Austernriffe. Europaweit wurde die NORA, eine Native Oyster Restoration Alliance, gegründet. Ihr Ziel ist die Förderung der Entstehung neuer, aus eigener Kraft wachsender Riffe Europäischer Austern. »Es ist bisher ein großer Erfolg«, freut sich Bernadette Pogoda am Telefon. Trotzdem ist ihr Job gesichert. Allein 625 Quadratkilometer groß ist das Naturschutzgebiet, in dem die Forscher vom Alfred-Wegener-Institut derzeit arbeiten können. Hunderttausend Austern habe man bereits ausgebracht, was in Anbetracht der Größe des Naturschutzgebietes (oder gar der Nordsee) eine lächerliche Zahl darstellt. Trotzdem ist eine Fortführung des Projektes inzwischen sogar vom Gesetzgeber vorgeschrieben. Ob man also in Zukunft damit rechnen könne, dass es wieder wilde Europäische Austern im Lebensmittelhandel gibt? Bernadette Pogoda möchte das nicht ausschließen. Allerdings sei im Naturschutzgebiet Borkumer Riff natürlich jede Fischerei verboten. Zunächst einmal hofft sie, dass sich ihre Population festigt und wirklich einen eigenen Lebensraum bilden wird. Im Idealfall würden sich die dort in fünfundzwanzig bis dreißig Meter Tiefe angesiedelten Tiere so stark vermehren, dass die Austern sich irgendwann auch über das Naturschutzgebiet hinaus verbreiten, sodass in ferner, ferner Zukunft sogar wieder klassische Austernfischerei wilder Tiere vom Meeresgrund möglich wäre.

Andernorts wäre sie dringend notwendig. Was am Borkumer Riff mit großem Aufwand mühevoll versucht wird, hat die Natur einige Kilometer nordöstlich selbst geschafft. Wie schnell sich Austern ausbreiten können, hat man nebenan im Wattenmeer um Sylt erlebt, das inzwischen voller wilder Austern ist.

Hier hat sich allerdings nicht die heimische, sondern die Pazifische Auster so sehr breitgemacht, dass sie fast eine Plage darstellt. Als die heimischen Bestände um 1900 zu Ende gegangen waren, hatte es diverse Versuche gegeben, andere Spezies hier anzusiedeln. Die Versuche schlugen im 20. Jahrhundert allesamt fehl: Statt Austern siedelten sich nur Pantoffelschnecken und Amerikanische Bohrmuscheln an, die beide als invasiv gelten. In Holland wurden schon in den 1970er-Jahren diverse Austernarten versuchsweise angesiedelt. Parallel dazu hatten inoffiziell auch deutsche Fischereiforscher versucht, die Auster in deutschen Gewässern anzusiedeln: Sie scheiterten allesamt. Bis vor wenigen Jahren hieß es kategorisch, die deutsche Nordsee sei schlichtweg zu kalt, als dass sich Austern hier vermehren könnten. Wie der Mensch sich irren kann und wie die Natur doch immer recht behält: Bald gediehen die importierten Pazifischen Felsenaustern – entgegen den Voraussagen – auf der Oosterschelde allzu prächtig. Von hier aus breiteten sie sich als eine invasive Gattung über die ganze Nordsee aus. Kein Mensch kann sie aufhalten, kaum einer sie ernten. Um Sylt herum sind die ›wilden‹ Austern gerade dabei, die heimische Miesmuschel als Platz- und Nahrungskonkurrent zu verdrängen, hier sind bereits ausgedehnte Riffe der Pazifischen Auster entstanden.

Angesichts ihrer Immobilität mutet die Rede von ›wilden‹ Austern merkwürdig an. Die Vorstellung hat etwas Romantisches: dass eine freiheitsliebende Auster sich mithilfe ihrer scharfen Schalen und ihres starken Muskels einen Weg in die Freiheit bahnt. Dass sie sich von Ebbe und Flut treiben lässt und außerhalb der engmaschigen Netze ihrer Austernfarm ein freies und langes Leben als ›wilde‹ Auster verbringt. Und doch

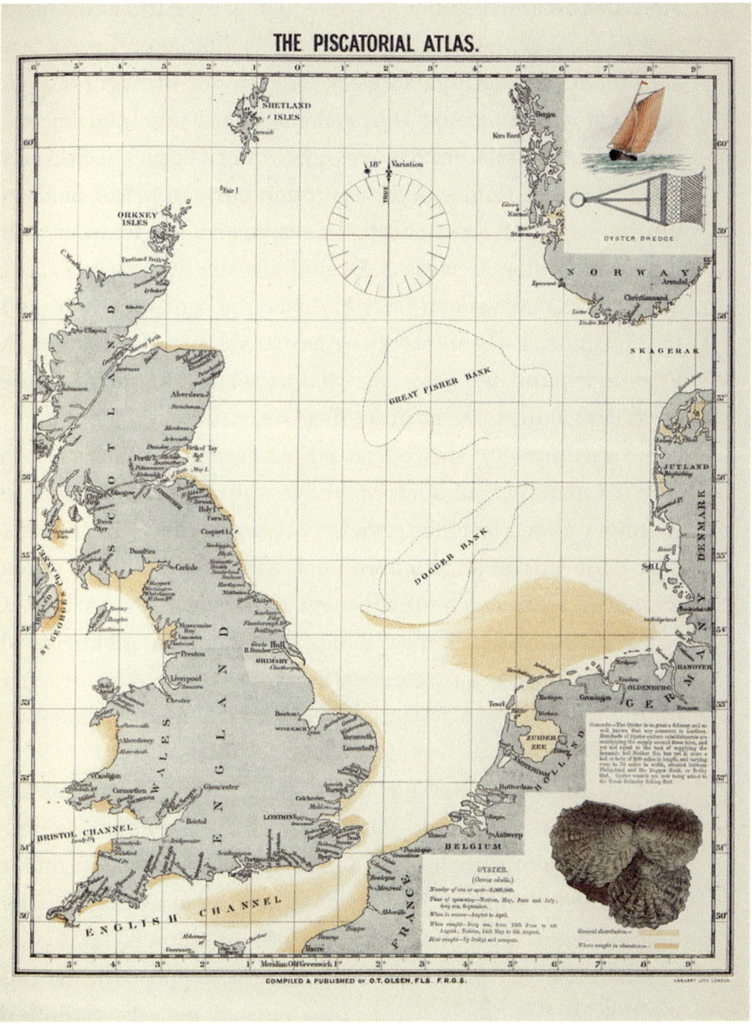

Ehemaliges Verbreitungsgebiet der Europäischen Auster in der Nordsee.

sind die frei und ungebunden lebenden Austern zu einer nicht mehr beherrschten Plage geworden. Es gibt sie in großer Anzahl nicht nur vor Sylt, sondern auch in der Bretagne und in der Lagune von Venedig. Dort gedeihen sie so prächtig, dass sie bereits die Zirkulation des Wassers in der Lagune beeinträchtigen. Wie ihre Kollegen, die gesittet in Farmen heranwachsen und an die Menschen verfüttert werden, gehören sie eigentlich gar nicht in diese Gewässer. Es sind invasive Pazifische Felsenaustern – Nachkommen jener Pioniere, die von Menschenhand in Säcken und Kisten als Kleintiere aus Japan um 1970 nach Frankreich und erst 1986 nach Sylt importiert wurden und die nach drei Jahren Zucht und Pflege eigentlich in die menschliche Nahrungskette eingespeist gehört hätten. Ihr freies Leben war nie geplant und auch nicht für wahrscheinlich gehalten worden. Aber rätselhafterweise scheinen die ›wilden‹ Austern nicht nur freier, sondern auch widerstandsfähiger gegen Krankheiten zu sein als ihre gehegten und gepflegten Artgenossen auf den Austernbänken in den Plastiknetzen. Nicht einmal die immer wieder auftretenden Seuchen, die die Züchter regelmäßig an den Rand des Ruins bringen, scheinen ihnen etwas anzuhaben.

Diese Austern haben die Miesmuscheln weitgehend aus diesen Gebieten verdrängt. Was für Austernliebhaber wie eine gute Nachricht klingt, ist für manche Tierarten, etwa Eiderenten, die die Austern im Gegensatz zu den ursprünglich hier angesiedelten Miesmuscheln nicht öffnen können, fatal: »Die Pazifikauster ist damit die erste eingeschleppte Art, die das Wattenmeer ökologisch und ökonomisch negativ verändert hat«, berichtet die Stiftung Schutzstation Wattenmeer. Mittlerweile haben Fischer und Austernzüchter deshalb die Genehmigung bekommen, die invasiven Pazifischen Austern im Wattenmeer zu sammeln und zu verkaufen. Auch die Sylter Firma Dittmayer, die einzige deutsche Austernzucht, fährt fast jede Woche mit einem Boot hinaus auf die inzwischen ausgedehnten Austernbänke. Gesammelt werden dort nur einzelne Muscheln, die meisten sind zu großen, unhandlichen Klumpen zusammengewachsen, die nicht einmal mehr mit einem Hammer auseinanderzuschlagen sind. Die invasive Art hat geschafft, was die heimische nie konnte: eigene Riffe zu bauen, auf denen die Tiere sich ungehindert vermehren und sich der kommerziellen Nutzung weitgehend entziehen. Ihr erster Sieg über den Menschen.

Die wenigen, von den Fischern gesammelten Tiere werden nur kurz geklärt. Damit sie gehandelt werden können, müssen reichlich Formulare ausgefüllt werden: Wo, von wem, wann und wie viel von welchen Austern gesammelt wurden. Am Ende können die ›wilden‹ Tiere im Restaurant als eine ideale »Verbindung zwischen der ehemaligen Austernfischerei und unserer traditionellen Austernzucht« angeboten werden. So weit jedenfalls der Werbetext. Natürlich ist an dieser Austernzucht nichts traditionell und bei der ›ehemaligen‹ Austernfischerei wurden eben keine invasiven Arten vom Boden aufgelesen, sondern die einheimischen Austern bis zur Ausrottung mit Netzen vom Meeresgrund geholt. Vom Sylter Publikum werden allerdings ohnehin nicht die herber schmeckenden wilden Austern verlangt, sondern hauptsächlich die weniger wild aussehenden aus eigener Zucht. Die wenigen Exemplare, die auf den wilden Bänken gesammelt werden, ändern zudem

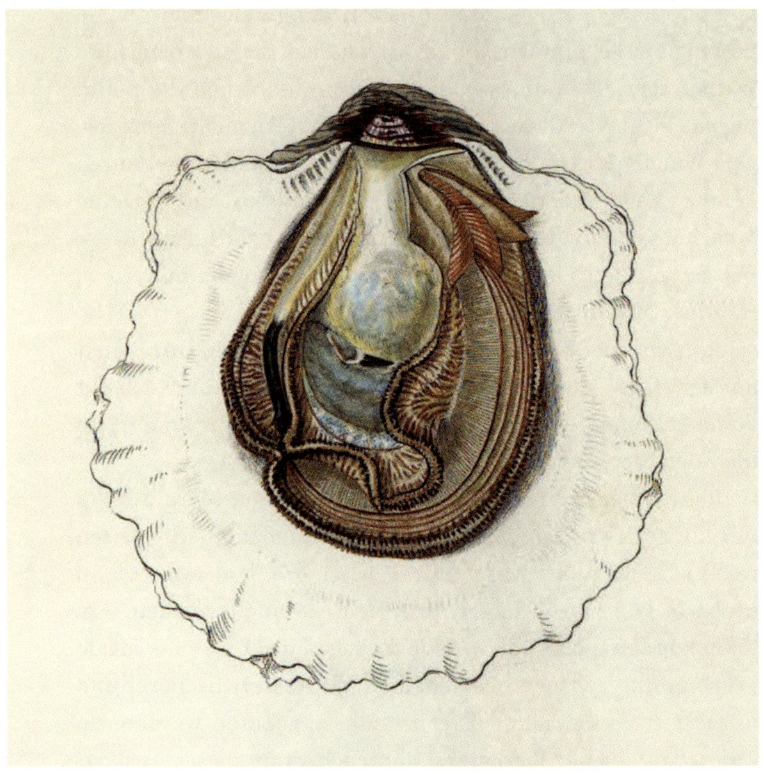

Der Mensch macht sich viel Arbeit, von ihm ausgerottete Tiere wieder anzusiedeln, und gerät dabei an juristische Grenzen: eine Europäische Auster, für das Portrait leicht idealisiert.

nichts an der riesigen Population, die dort bereits entstanden ist. Privatpersonen ist das Sammeln übrigens offiziell verboten. Nur Inhaber eines Fischereischeines dürfen pro Tag einen Zehn-Liter-Eimer voll Austern sammeln.

Trotzdem gibt es Menschen, die bei Ebbe auf das Meer hinausgehen, um Austern zu sammeln und sie zu essen. Doch selbst unter mutigen Austernsammlern gibt es Vorbehalte, die prächtigen wilden Tiere, die in Frankreich ihrer Größe wegen ›Pied de Cheval‹, Pferdefuß, genannt werden, roh vom Felsen weg zu verspeisen. Allzu weit verbreitet ist der wilde Genuss nicht. Dafür braucht es schon Draufgänger: »Ich habe hier noch nie sonst jemanden mit Austernbrecher und Zitrone an den Felsen gesehen«, berichtet mir Christoph Peters, der deutsche Poet, von seinen bretonischen Strandwanderungen. »Es gibt sie in allen Größen ... Ich breche meist die XXL auf, da ist zwei bis drei Mal so viel Fleisch drin wie in einer normalen ›Partyauster‹.« Und dann erzählt mir der Schriftsteller in seinem Brief ungefragt die Geschichte seiner ersten ›wilden‹ Auster, seine OCE:

Ich hab das zufällig vor ziemlich genau 20 Jahren ›entdeckt‹, als ich zum ersten Mal mit Veronika hier war ... hab gedacht: Diese ›Flatschen‹ auf den Felsen sehen wie Austern aus, ich schau mal rein ... Dann hab ich eine aufgebrochen, mit nem Schweizer Messer, und probiert: Schmeckte auch wie Auster, und hab mir den Bauch vollgeschlagen. Abends hat Veronika das dann unserer Wirtin erzählt, einer alten bretonischen Witwe, weil sie immer noch Sorge hatte, ich hätte mich vergiftet ... und Madame Tourbon hat übers ganze Gesicht gestrahlt: Ihr verstorbener Mann sei auch oft bei Ebbe losgezogen, mit Austernbrecher und Zitrone, und habe sie von den Felsen gegessen ...

Ich muss gestehen, dass ich selbst nicht ganz so mutig war. Allerdings fand ich meine wilde Auster nicht im frischen Wasser des Austerngebietes um Brest, sondern im Brackwasser der venezianischen Lagune. Ich rammte bei einer Bootsfahrt in der Lagune von Grado, südlich von Venedig – unser Boot war gerade bei Ebbe auf eine Sandbank aufgelaufen –, den Bootshaken versehentlich mitten in eine Auster hinein. Das Prachtexemplar hatte, seiner Größe nach zu urteilen, fünf oder sechs Jahre ungestört auf dieser Sandbank gelebt, auf die wir mit unserem Boot aufgefahren waren. Ich stach beim Messen der Wassertiefe aus Versehen durch die geöffnete Schale mitten in den weichen Leib des schönen Stückes hinein, die Auster schnappte sofort reflexartig zu, hielt so den Bootshaken fest, an dessen anderem Ende ein Mensch mit aller Kraft zerrte, um ihn schließlich mitsamt der Auster verblüfft wieder herauszuziehen. Es war meine erste Begegnung mit einer Auster jenseits eines Fischladens. Stundenlang, bis die Flut endlich kam und das Schiff wieder flottmachte, betrachtete ich stolz die einzige in meinem Leben von mir gefangene Auster. Bis dahin hatte ich nicht einmal geahnt, dass es in der venezianischen Lagune wieder Austern gibt. Angesichts der legendären Verschmutzung der Lagune, in der man nicht einmal gefahrlos schwimmen kann, in der Austern aber offenbar prächtig gedeihen, traute ich mich am Ende nicht, dieses frischeste aller Meerestiere, das ich je hätte essen können, zu verspeisen. Ich löste das Fleisch des von mir erstochenen wilden Tieres heraus und warf es seufzend zurück in die Lagune, die heute von wilden, aber ungenießbaren Austern übersät ist. Die ausgekochte Schale aber lag beim Verfassen all dieser Zeilen neben mir.

Ich frage Bernadette Pogoda, was ›wilde‹ Austern für ihr Projekt der Wiederansiedelung bedeuten. Gibt es im Wattenmeer keine Konkurrenz zwischen der sich immer mehr und aggressiv verbreitenden Pazifischen Auster und ihrer behutsam gehegten, ehemals einheimischen Europäischen Auster? »Die Lebensräume sind recht verschieden«, erklärt sie mir, »die Europäische Auster lebt hauptsächlich sublitoral«, also weit unter der Wasseroberfläche, und sei eben keine invasive Art, die das Artengefüge durcheinanderbringe. Die Pazifische Auster gedeihe hingegen in der Gezeitenzone, wo sie täglich von Ebbe und Flut umspült wird. Beide könnten neben- und miteinander leben. Am Alfred-Wegener-Institut trage man Sorge, dass sich die Europäische Auster nur da ausbreite, wo historisch Lebensräume belegt sind. Ihre inzwischen auf hunderttausend Tiere angewachsene Population würde im geschützten Riff zunächst einmal das Wasser reinigen, und es bestehe die Hoffnung, dass sie andere heimische Meereslebewesen anlockt, auf das sie einen neu geschaffenen, ehemals vorhandenen Lebensraum teilen.

Und dann wird alles gut, so gut, wie es vor dem Auftauchen des Menschen mit all seinen Schleppnetzen, Austernbars und Bootshaken in aphroditischen Zeiten einmal war. Austern wird es auch außerhalb von Restaurants und Plastiknetzen geben. Sie werden die Menschen erregen und beseelen und ernähren, wie ehedem. Die Zukunft ist groß und hell. Die Erde wird wieder ein Planet der Austern sein, die die Meere, sogar die Lagune von Venedig, auch dann noch vom Schmutz reinigen werden, wenn es längst keine Menschen mehr geben wird.

»Noch die letzte Auster. Und dann lebe wohl, du schöne Welt!«

GUSTAV FREYTAG, Die Journalisten, *1852, 4. Akt*

Pazifische Felsenauster
Crassostrea gigas

Pacific giant oyster
Huître creuse

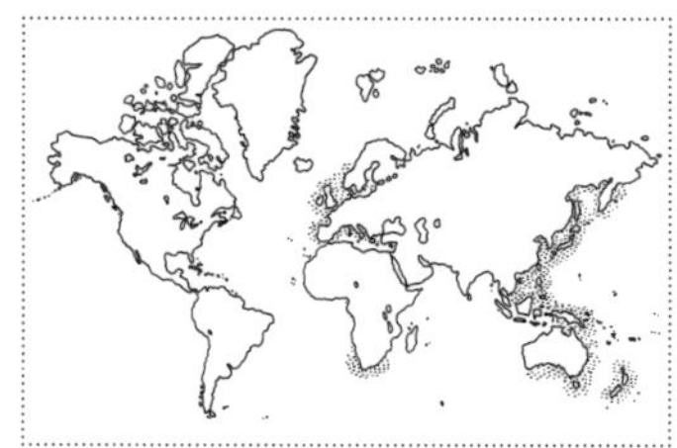

Obwohl erst gut ein halbes Jahrhundert in Europa angesiedelt, gibt es auf dem Kontinent keine nennenswerten Bestände anderer Arten mehr. Das Tier trägt heute je nach Herkunftsland viele Namen: Huître creuse in Frankreich, Sylter Royal in Deutschland, Limfjords in Skandinavien, Irish Rock Oyster in Irland; nur in den USA heißen sie Pacific Oyster, wenn die Tiere dort nicht je nach Züchter wechselnde Fantasienamen trügen.

Anfang des 21. Jahrhunderts lag ihr Anteil an der Weltproduktion bei über fünfundneunzig Prozent. Seit dem fast völligen Austernsterben ihrer Artgenossen *Gryphaea angulata* und der *Ostrea edulis* dient die asiatische Wunderauster weltweit als bevorzugtes Zuchttier der Austernbauern.

Die *Crassostrea gigas* sieht aus, wie man sich eine Auster vorstellt: Selbst das ist allerdings ein Zuchtergebnis. In freier Wildbahn nehmen die Tiere nach Bedarf und Platzangebot fast jede noch so krumme Form an. Stets ist aber die ›untere‹, linke Hälfte des völlig asymmetrischen Gehäuses stark gewölbt, die ›rechte‹ genannte obere hingegen beinahe eben, aber trotzdem gewölbt. Die Schalen, die meist eine Tropfenform besitzen, sind hart und mit scharfen Kanten versehen. Das Tier selbst hat meist deutliche schwarze ›Wimpern‹. In China werden besonders große Exemplare gezüchtet. Dort wachsen jährlich fast vier Millionen Tonnen Tiere auf, das sind mehr als achtzig Prozent der Weltproduktion.

↔ 8–40 cm

Europäische Auster
Ostrea edulis

European flat oyster
Huître plate (européenne)

Das Luxusgeschöpf unter den Luxusgeschöpfen. Kulinarisch betrachtet ist die Europäische Auster der große Gegenspieler der weitverbreiteten Pazifischen Felsenauster. Seltener als diese gilt sie als teure Delikatesse und geschmacklich der etwas ›schlabbrigen‹, tiefen Felsenauster überlegen. Anders als die weitverbreiteten Austern der Gattung *Crassostreiae* legt sie Wert auf ein einigermaßen ordentliches, oft fast symmetrisches und rundes Aussehen. So gleicht sie am ehesten jener Muschel, der die Aphrodite einst entstieg. Die *Ostrea* ist flacher als ihr verbreiteter Konkurrent, was auch ihre englischen und französischen Vulgärnamen bezeugen. Obwohl flach, sind die linke und die rechte Hälfte konvex nach außen gewölbt. Ihre Schale ist heller als die ihrer bauchigeren Kollegen, manchmal fast beige, das Fleisch fester, muskulöser, oft von einer fast hellbraunen Färbung und im Geschmack etwas ›nussiger‹ als das der tiefen Austern.

Obwohl ursprünglich in Europa heimisch, wird sie dort nur noch in wenigen Aquakulturen gezüchtet. Ein Schwerpunkt der industriellen Zucht ist das Mündungsgebiet des französischen Flüsschens Bélon, weshalb die Tiere selbst in den USA oft als *Belon*-Austern angeboten werden. In Irland hingegen heißen sie nach ihrem Zuchtgebiet *Galway*. In England werden die Exemplare oft noch auf traditionelle Weise vom Grund des Meeres gefischt und schlicht *Native oysters* genannt. Anders als andere Austernarten werden die Eier in der Schale des Muttertieres befruchtet, die diese zwischen ihren Kiemen zurückhält.

ø 6–20 cm

Amerikanische Auster

Crassostrea virginica

Eastern oyster

Huître de Virginie (américaine)

Glaubt man dem Weltmarkt, ist die Amerikanische oder Atlantische Auster die zweitwichtigste ihrer Art. Sie kommt weltweit nur auf fünf Prozent Marktanteil. Wie ihr Name sagt, wächst sie vor allem an der amerikanischen Ostküste, bis hinunter in den Golf von Mexiko, wo sie noch wild wächst, und in der Karibik, wo sie als wild geformtes Tier von Fischern am Strand angeboten wird. Die Atlantischen Austern sind oval, die linke Schalenhälfte ist bauchig, aber nicht ganz so ausgeprägt gewölbt wie bei ihren europäischen und asiatischen Kolleginnen. Ihr ganzes Erscheinungsbild ist etwas weniger rau, fast schon elegant. Die Existenz der Tiere ist zutiefst in der amerikanischen Kolonisierungsgeschichte verwurzelt: Der erste britische Siedler John Smith bewunderte sie bereits 1608 in der Chesapeake Bay und dürfte mit der Ureinwohnerin Pocahontas einige dieser Austern verspeist haben. Als die amerikanischen Ureinwohner etwas später versuchten, die erste Siedlerkolonie in Jamestown auszuhungern, ernährten sich die Neu-Amerikaner monatelang nur von den reichen Austernbeständen, die damals die amerikanischen Küstengewässer bevölkerten. Ganz New York galt im 19. Jahrhundert als eine auf Atlantischen Austernschalen gebaute Stadt, in den Worten des amerikanischen Journalisten Mark Kurlansky: »when people thought of New York, they thought of oysters«. Das war einmal.

↔ 6–10 cm

Kumamoto
Crassostrea sikamea

Kumamoto oyster
Huître Kumamoto

Die Kumamoto, auf Amerikanisch zärtlich ›Kumo‹ genannt, ist die kleine vornehme Schwester der Pazifischen Felsenauster. Auch sie stammt ursprünglich aus Japan, genauer aus der Ariake-See, einer Bucht in der Provinz Kumamoto, wo sie allerdings längst ausgestorben ist. Sie ist höchstens halb so groß, rundlicher, im Geschmack subtiler und zurückhaltender als die protzige Pazifikauster. Oft schmeckt ihr helles Fleisch angenehm ›butterig‹ und enthält trotzdem hohe mineralische Anteile. Sie wurde in Amerika besonders beliebt, weil sie wiederum der dort heimischen, aber so gut wie ausgestorbenen Olympischen Auster ähnelt.

Die Kumamoto ist die perfekte Auster: Da die Aufzucht allerdings mit viel Zeit verbunden ist, diese Sorte aber nur ein vergleichsweise geringes Gewicht erreicht, ist sie nicht unbedingt das Lieblingstier der Austernbauern. Die Schale hat oft unterschiedliche Braun- oder Grüntöne und weist meist ein deutliches, reizvolles Rippenmuster auf. Gezüchtet werden die eigentlich anspruchslosen Tiere heutzutage hauptsächlich an der amerikanischen Westküste, wo sie wegen ihres intensiven, manchmal fast buttrigen Geschmacks als kalifornische Delikatesse gelten, während sie in ihrem Ursprungsland Japan so gut wie unbekannt sind. Auch in Europa spielt die Kumamoto keine Rolle.

Ein Alleinstellungsmerkmal hat die Spezies: Anders als alle ihre Gattungsgefährtinnen haben es die ›Kumamotos‹ geschafft, unter ihrem schönen achtsilbigen Artennamen bekannt zu werden.

↔ 5–8 cm

Portugiesische Auster
Gryphaea (Crassostrea) angulata

Portuguese oyster
La Portugaise

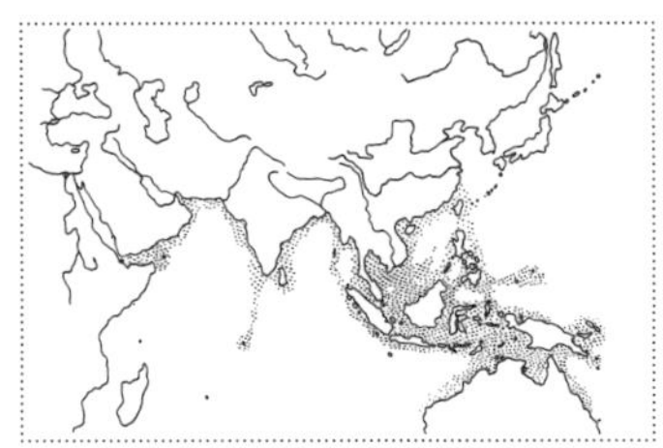

Leider ist die Terminologie nicht ganz einig in der Klassifizierung dieser Austerngattung. Man findet neben *Gryphaea* sowohl die Bezeichnung *Crassostrea* als auch den Zweifel, ob es sich bei der Portugiesischen Auster überhaupt um eine eigene Gattung handelt. Unter dem Namen *Gryphaea angulata* führt uns dieses Lebewesen jedenfalls tief in die Erdgeschichte hinab. Denn mit demselben Namen wird auch die Urform der Austern bezeichnet, die man in versteinerter Form heute noch auf Äckern und in Gebirgen findet.

Vom Phänotyp ähnelt sie der Pazifischen Auster, von der sie kaum zu unterscheiden ist. Unregelmäßig geformt, mit einer tiefen unteren Schale und einem fast flachen Deckel. Genanalysen haben ergeben, dass sie eine eigene Art darstellt, die allerdings nicht – wie ihr Name nahelegt – an der iberischen Westküste beheimatet ist, sondern im 16. Jahrhundert von kolonialen Handelsschiffen aus Asien eingeführt wurde. Bevor sie in den 1970er-Jahren fast zur Gänze einer Epidemie zum Opfer fiel, war sie über ein Jahrhundert lang die in Europa vorherrschende und am meisten gegessene Gattung. Nach einem Schiffsunglück 1868 hatte das fortan ›Portugiesische Auster‹ (*La Portugaise*) genannte Tier die bis dato vorherrschende *Ostrea edulis* erst an der französischen Atlantikküste und dann auf den Tellern der europäischen Austernliebhaber verdrängt. Die Rache der Geschichte: Schon nach hundert Jahren wurde die invasive Art von der sexuell noch aktiveren und noch schneller wachsenden asiatischen *Crassostrea gigas* völlig abgelöst.

↔ 7–15 cm

Stachelauster
Spondylus gaederopus

Thorny oyster
Pied d'âne

Untcr all den oft unansehnlichen Austern sind Stachelaustern wahre Pin-ups. Die stachelige Schale und ihre oft bunte Färbung hat schon den jungsteinzeitlichen Menschen so betört, dass er über weite Strecken hinweg Handel mit diesen Essensabfällen trieb. Die Verwendung der spektakulären Schalen als Schmuck sowohl für männliche als auch weibliche Neandertaler vor fünfzigtausend Jahren ist nachgewiesen.

Ursprünglich stammt sie aus dem Schwarzen Meer und dem Mittelmeer. Angesichts ihrer Schalen geraten selbst ernsthafte Forscher ins Jubeln und sprechen von den schönsten und erstaunlichsten Muschelformen der Welt. Im Gegensatz zu anderen Austernarten sind beide Hälften der Stachelausternschale nach außen gewölbt. Möglich wird das, weil das Tier sich nur an einer Stelle, in der Nähe ihres Scharniers, am Meeresgrund festzementieret.

Allzu große Schönheit ist auch für Muscheln ein Fluch: Evolutionsgeschichtlich dient die Stachelzierde nicht als Repräsentationsmerkmal oder zur Verteidigung der hübschen Tiere vor Fressfeinden und Muschelsammlern, sondern als Anreiz für andere Meeresorganismen, sich auf der Muschel anzusiedeln und derart zur Tarnung des allzu schönen Wesens beizutragen. Je weiter unten im Meer die Muscheln leben – sie wachsen bis zu einer Tiefe von fünfzig Meter –, desto farbenfroher ist ihre Schale, die von Flammenrot über Strahlendweiß bis hin zu Violett fast alle Farben annehmen kann.

↔ 6–10 cm

Perlauster
Pinctada margaritifera

Pacific pearl-oyster
Pintadine à lèvre noire

In kalifornischen Souvenirshops kann man sich für ein paar Dollar aus einer Schüssel eine lebende Perlauster aussuchen; der Verkäufer, der versichert hat, dass jede dieser Austern eine Perle enthalte, öffnet diese dann und präsentiert – nachdem er das sonst so kostbare, in diesem Fall aber ungenießbare Muschelfleisch entsorgt hat – das Ergebnis, das selten so legendär ist wie die Geschichten, die sich um solche Perlen ranken.

Markus Antonius, der römische Feldherr, fand etwa beim erotischen Mahl im Gemach der schönen Königin der Ägypter, Kleopatra, nur zwei leere Teller und zwei Gläser Wein vor. Die Szene, wie Kleopatra ihren Ohrring abnimmt und die tropfenförmige Perle in den Wein wirft, in dem diese sich angeblich auflöst, ist Weltgeschichte. Der Wert der Perle, genannt ›Träne der Götter‹, wurde von Plinius auf sechzig Millionen Sesterzen geschätzt – der Tageslohn eines Legionärs: ein Sesterz. Unser skeptisches Zeitalter hat versucht, die Geschichte zu verifizieren: Perlen lösen sich nicht in Wein, nicht einmal in Essig auf.

Kleopatra wird in der Verfilmung des Stoffes von Liz Taylor gespielt. Ihr zu Füßen liegt Richard Burton, der sich bei den Dreharbeiten in die viermal verheiratete Diva verliebt. Angeblich hat er ihr zuerst vor laufender Kamera einen Kuss gegeben. Später schenkt er Liz zum Valentinstag die berühmteste Perle der Welt: die ebenfalls tropfenförmige ›La Peregrina‹, auf der der Legende nach natürlich ein Fluch lag.

↔ 7–30 cm

Weiterführende Literatur

Übersetzungen der Zitate, sofern nicht anders angegeben, der Autor.

Massimo Bottura: ***Never Trust a Skinny Italian Chef,*** London 2014.

Antony Bourdain: ***Geständnisse eines Küchenchefs. Was Sie über Restaurants nie wissen wollten,*** München 2001.

Piero Camporesi: ***Der feine Geschmack, Luxus und Moden im 18. Jahrhundert,*** Frankfurt a. M. 1992.

Charles Darwin: ***Notebook M. Metaphysics on Morals,*** herausgegeben von Paul Barret, S. 72 f., online {http://darwin-online.org.uk/content/frameset?viewtype=text&itemID=CUL-DAR125.-&pageseq=1}, letzter Aufruf 13. 4. 2022.

Jürgen Dollase: ***Himmel und Erde,*** Aarau 2014.

Mark Doty: ***Still Life With Oysters And Lemon,*** Boston 2001.

Alexandre Dumas: ***Das große Wörterbuch der Kochkunst,*** Bd. 1, Wien 2002.

Eva Eckstein: ***Eine Auster im Mieder von Donna Emilia. Casanovas sinnlichste Rezcpte,*** Berlin 1998.

MFK Fisher: ***Austern zum Beispiel,*** Hamburg 1999 (zuerst 1941).

Watson Gerard: ***Ostrea, or The Love of the Oysters. A Lay,*** New York 1857.

Stephen Harris: ***Oyster Rules are there to be broken,*** in: *The Telegraph*, 18. 7. 2015, {https://www.telegraph.co.uk/foodanddrink/11743966/Stephen-Harris-Oyster-rules-are-there-to-be-broken.html}, letzter Aufruf 12. 4. 2022.

Ernest Hemingway: ***Paris — Ein Fest fürs Leben,*** Reinbek bei Hamburg 1965.

Rowan Jacobsen: ***The Essential Oyster,*** New York, London 2016.

Rowan Jacobsen: ***A Geography of Oysters. The Connoisseur's Guide to Oyster Eating in North America,*** New York, London 2007.

Ernest Hemingway: ***Paris – Ein Fest fürs Leben,*** aus dem Englischen von Annemarie Horschitz-Horst, Reinbek bei Hamburg 1965.

Immanuel Kant: *Gesammelte Schriften*, herausgegeben von F. T. Rink, Berlin und Leipzig 1900 ff.

Rudolf Kilias: ***Austern: Ostreidae,*** Hohenwarsleben 2000.

Mark Kurlansky: ***The Big Oyster. History on the Half Shelf,*** New York 2007.

Henry Mayhew: ***London Labour and the London Poor,*** London 1985 (1851).

Karl August Möbius: ***Die Auster und die Austernwirtschaft,*** Berlin 1877.

Michael Ondaatje: ***Buddy Boldens Blues,*** München 1997 (1976).

Bernadette Pogoda u. a.: ***Wiederherstellung der Bestände der Europäischen Auster (Ostrea edulis) in der deutschen Nordsee (RESTORE Voruntersuchung),*** Bonn 2020.

René Redzepi: ***A Work in Progress,*** London 2013.

Jean-Jacques Rousseau: ***Émile oder ueber die Erziehung,*** übers. v. Hermann Denhardt, Berlin 1922 (1762).

Leander Scholz: ***Die Regierung der Natur,*** Berlin 2022.

Anne Sexton: ***Selected Poems,*** hg. v. Diane Wood Middlebrook, Diana Hume George, Boston u. a. 1988.

Rebecca Stout: ***Oyster,*** London 2004.

Susanne Wedlich: ***Das Buch vom Schleim,*** Berlin 2019.

Abbildungsverzeichnis

Seite 54 *Café de Turin*. P. Gellé, Postkarte, Nizza 1908.

Seite 59 *Rückkehr der Austernfischer*. Auguste Feyen-Perrin, 1908.

Seite 62 *The oyster war in Chesapeake Bay*. Schell and Hogan, in: *Harper's Weekly*, 1884.

Seite 66 *Oyster vendor in Venice*. Carlo Ponti, ca. 1850.

Seite 68 *Trouville. Le Marché aux Poissons*. Eugène Boudin, 1875.

Seite 71 *The First Day of Oysters*. Mason Jackson, in: *The Illustrated London News*, 1861.

Seite 74 *Taking in the Natives*, John Fairburn, 1823.

Seite 79 Logo der Tomales Bay Oyster Company, © mit freundlicher Genehmigung der Tomales Bay Oyster Company.

Seite 80 *Oyster Houses, South St. & Pike Slip, Brooklyn*. Berenice Abbott, 1937.

Seite 83 Quittung der *Oysters à la Rockefeller*, Antoines, New Orleans, USA.

Seite 85 *The Lausten Brothers at Swan Oyster Depot*. Anonym, San Francisco 1934.

Seite 88 *Oysters Fresh Every Day*. J. Smith, London, ca. 1820.

Seite 91 Urtümliche Auster *Umbostrea emamii* HAUTMANN, 2001, Fotografin: Manuela Schellenberger, © Bayerische Staatssammlung für Paläontologie und Geologie.

Seite 92 *Tasting the first Oyster*. George Frederick Watts, ca. 1883.

Seite 95 *Kökkenmöddinger auf Elizabeth Island*. Stefan Claesson, 1888.

Seite 97 *Huître. Ostrea Plate 180*. Robert Bernard, in: *Histoire Naturelle, Vers Testacés à Coquille Bivalve irrégulière*, Paris 1772.

Seite 100 *Die Austernmahlzeit*. Jean-François de Troy, 1735.

Seite 102 *Aphrodite als Anadyomene*. Fresko der Casa di Venus, Pompeji, 1. Jhdt.

Seite 106 *Göttermahl*. Frans Floris de Vriendt, Mitte 16. Jhdt.

Seite 107 *Interieur mit fröhlicher Tischgesellschaft*. Dirck Hals, 1620.

Seite 109 *Politics in an Oyster House*. Richard Caton Woodville, 1848.

Seite 111 *Food inspector John F. Earnshaw inspecting oyster shucking operation*. Arthur J. Olmstead, Baltimore, Maryland, ca. 1914–15.

Seite 113 *The Fair Oyster Girl*. Carrington Bowles, ca. 1766–99.

Seite 114 *Mrs Barbara Flucker (née Johnstone), the oysterwoman*. David Octavius Hill, calotype, 1843–1848 © National Portrait Gallery, London.

Seite 117 *Kitty West as Evangeline the Oyster Girl*. Anonym, Casino Royale New Orleans, um 1950.

Seite 120 *Das Austernmahl*. Frans van Mieris, 1661.

Seite 123 *Bodegón*. Osias Beert, nach 1600.

Seite 127 *Stillleben mit Austern, Römer, Zitrone und Silberschale*. Willem Claesz. Heda, 1634.

Seite 129 *Le déjeuner dans l'atelier*. Édouard Manet, 1868.

Seite 130 *Nature morte, huîtres, citron, brioche*. Édouard Manet, 1876.

Seite 133 *Huître et citron*. Georges Braque, 1952.

Seite 137 Plate V: *Ostraea edulis*. George Brettingham Sowerby, in: *Conchologia iconica, or, Illustrations of the shells of molluscous animals,* London 1843–1878 (1870).

Seite 141 *O. edulis*. O. T. Olsen, in: *The Piscatorial Atlas of the North Sea*, Grimsby London 1883.

Seite 144 *Ostrea edulis*. John Van Voorst, 1850.

Seiten 149–161 Illustrationen von Falk Nordmann, Berlin 2022.

Danksagung

Ich danke Elke Link, die, seitdem sie an der Atlantikküste behauptet hat, schon einmal eine halbe Auster gegessen zu haben, auch ein Leben mit mir teilt. Moritz und Felix dafür, dass sie nicht nur (aber auch) Austern lieben und öffnen können. Der »Oysterband«, die meine Versuche, Austern zu-zubereiten, stoisch ertragen hat. Kat Schumacher, die mir von Füchsen erzählt hat, worauf ich die Idee bekam, dass Austern noch viel listenreicher sind, und Dr. Rudolph Pospischil, der freundlicherweise behauptet hat, dieses Buch sei fast so interessant wie die Verträge, die er sonst lesen muss.

Andreas Ammer, 1960 in München geboren, ist Fernsehmacher, Universitätsdozent und Opernregisseur, vor allem aber in Zusammenarbeit mit Musikern wie FM Einheit, Ulrike Haage, The Notwist, Acid Pauli oder Driftmachine der Autor zahlreicher preisgekrönter Hörspiele.

NATURKUNDEN № 84
Erste Auflage Berlin 2022

NATURKUNDEN
herausgegeben von Judith Schalansky
erscheinen bei Matthes & Seitz Berlin
ermöglicht durch Jan Szlovak, Hamburg

MSB Matthes & Seitz Berlin Verlagsgesellschaft mbH
Göhrener Straße 7, 10437 Berlin
info@matthes-seitz-berlin.de
info@naturkunden.de

EINBAND UND TYPOGRAFIE Pauline Altmann, Palingen
nach einem Entwurf von Judith Schalansky
TITELILLUSTRATION Pauline Altmann, Palingen
SCHRIFT Ingeborg von Michael Hochleitner/Typejockeys
LITHOGRAFIE Tomas Mrazauskas, Berlin
HERSTELLUNG Hermann Zanier, Berlin
PAPIER 100 g/m² Fly 04 hochweiß, 1,2-faches Volumen
EINBANDMATERIAL Napura® Khepera von
Winter & Company GmbH, Lörrach
DRUCK UND BINDUNG Pustet, Regensburg

ISBN 978-3-7518-0221-5

www.naturkunden.de
www.matthes-seitz-berlin.de